另类的视角

弯路走出来的人生智慧

吴显明 / 著

一个人的成长速度和人生所能达到的高度，很大程度上取决于自己读过的书和遇到的人。遇到什么样的人，无法自主决定，但读什么样的书，自己可以选择。

企业管理出版社
ENTERPRISE MANAGEMENT PUBLISHING HOUSE

图书在版编目（CIP）数据

另类的视角：弯路走出来的人生智慧/吴显明著. -- 北京：企业管理出版社, 2018. 10
ISBN 978-7-5164-1795-9

Ⅰ. ①另… Ⅱ. ①吴… Ⅲ. ①人生哲学-通俗读物 Ⅳ. ①B821-49

中国版本图书馆 CIP 数据核字（2018）第 233693 号

书　　名	另类的视角：弯路走出来的人生智慧
作　　者	吴显明
责任编辑	侯春霞
书　　号	ISBN 978-7-5164-1795-9
出版发行	企业管理出版社
地　　址	北京市海淀区紫竹院南路 17 号　邮编：100048
网　　址	http：//www.emph.cn
电　　话	编辑部（010）68420309　发行部（010）68701816
电子信箱	zhaoxq13@163.com
印　　刷	三河市聚河金源印刷有限公司
经　　销	新华书店
规　　格	170 毫米×240 毫米　　16 开本　　12 印张　　132 千字
版　　次	2018 年 11 月第 1 版　2018 年 11 月第 1 次印刷
定　　价	40.00 元

版权所有　翻印必究　印装有误　负责调换

序 言

  一个人工作，不是和人打交道，就是和事打交道。和事打交道，其实也是和人打交道，因为每件事情的背后都有与之关联的人。一个人，只有正确判断出要打交道的人的心态和想法，才能研究出正确的策略；只有采取的策略正确，行动的结果才可能是预期目标。

  所以，做事的过程实际上是一个读心的过程。一个人能不能读对关联人的心，读对多少，取决于这个人明白了多少道理，领悟了多少人性。因此，明白道理的多少和领悟人性的程度，决定了一个人收获的大小。

  人与人之间的差距，是在走向社会后才拉开的。这种差距的拉大，固然与家庭出身有很大关系，但个人能力的差距仍然是最主要的原因。影响个人能力的因素很多，但决定性的因素是学习。只有勤于和善于学习，人才会变得睿智，才会拥有强大的能力。

  一个人的成长速度和人生所能达到的高度，在很大程度上取决于自己读过的书和遇到的人。遇到什么样的人，不由自己决定，但读什么样的书，自己可以选择。

  笔者出生在湖南湘西的一个小山村，父母都是文盲。年少时极度贫寒，从小学到博士、教授，从一无所有到能做一点事情，一路走来，

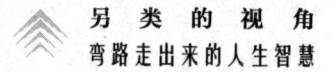

遭受了太多磨难，经历了太多艰辛，也正因为此，"领悟"了一些"道理"，写出了这本书。

在此，要感谢笔者的同学石双成在写作过程中与笔者的交流和讨论，感谢笔者的学生石瑶为本书绘制了部分插图，感谢给予笔者写作营养的每一位朋友，感谢对该书有直接和间接贡献的每一个人。

吴显明

二〇一八年三月二日于湖南吉首

目 录 contents

第一章
学习的本质与学习的误区

一、学习的本质是思考　　　　　　　　　　　　002

二、学习的结果是领悟　　　　　　　　　　　　005

三、学习的目标是应用　　　　　　　　　　　　007

四、学习的几个误区　　　　　　　　　　　　　008

第二章
兴趣、职业与就业

一、兴趣与职业的相关性　　　　　　　　　　　017

二、就业选择的三个考量　　　　　　　　　　　020

三、员工升迁的条件　　　　　　　　　　　　　023

四、企业负责人需要做到的事情和明白的道理　　026

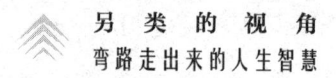

第三章
创业与企业家精神

一、创业前的五点思考 029

二、创业的三个步骤 031

三、创业注意点 032

四、创业成功的八个关键 034

五、企业家精神 038

六、创业感悟 041

第四章
从平凡到卓越

一、优秀与平凡的差别 046

二、平凡与平庸的差别 047

三、平凡沦为平庸的四种最常见原因 048

四、从平凡上升到卓越的条件 051

五、天赋与卓越的关系 057

第五章
市场的逻辑与价值的规律

一、市场经济的五个特点 060

二、市场竞争形成的行业垄断并不可怕 063

三、市场经济环境下的贫富差距 064

目　录

四、价值规律的两种理论　　　　　　　　　　　065
五、市场供给的三种类型　　　　　　　　　　　066
六、市场经济中供求关系的七种表现　　　　　　067

第六章
创业视角下的战略战术

一、创业视角下的目标、战略和战术关系　　　　073
二、初创企业的战略选择　　　　　　　　　　　073
三、战略和战术在执行中被规划和计划取代的必然性　　075
四、战略和战术的调整、相互包含及其与盈利的关系　　076
五、关于战略的六点认识　　　　　　　　　　　077

第七章
人性的弱点

一、人性的主要弱点　　　　　　　　　　　　　084
二、人性和道德　　　　　　　　　　　　　　　089
三、承认人性弱点的重要性　　　　　　　　　　091
四、人性的弱点决定了正义和善良最终会战胜邪恶和丑陋　　096

第八章
平台、团队与个人

一、团队的力量　　　　　　　　　　　　　　　100

二、团队失败的主要原因 100

三、团队负责人与团队成员的利益关联 103

四、平凡的成员，优秀的团队 104

五、团队建设的两个阶段 108

六、平台与个人之间的影响关系 109

七、是平台离不开个人，还是个人离不开平台？ 112

第九章
在错误和困难中成长

一、成长是童年和少年时期的家长陪伴 115

二、成长是养分的不断吸收 116

三、成长是在逆境中的不断磨炼 117

四、成长是在错误中的不断成熟 118

五、成长是在困难中的不断前进 120

六、成长是在绝望中获得新生 121

七、成长需要积累，收获需要时间 123

八、天赋、努力与成长高度 124

九、所有对工作与事业的厌倦和不再有新鲜感，都是因为自己停止了成长 127

第十章
共性规律的指导局限与企业创新

一、共性规律指导作用的局限性 129

目　录

二、现实社会中的三种实践指导方式　　　　　　132

三、共性规律与创新的三种关系　　　　　　　　133

四、企业创新　　　　　　　　　　　　　　　　134

五、社会创新不足的几点思考　　　　　　　　　136

第十一章
成王败寇与智慧力量

一、成王败寇　　　　　　　　　　　　　　　　139

二、成王的条件　　　　　　　　　　　　　　　141

三、智慧的力量　　　　　　　　　　　　　　　146

第十二章
过得开心，活得快乐

一、干一行，爱一行　　　　　　　　　　　　　153

二、心存善良，乐于助人　　　　　　　　　　　154

三、懂得感恩，心中无恨　　　　　　　　　　　156

四、学会包容，心态乐观　　　　　　　　　　　157

五、尽力而为，知足常乐　　　　　　　　　　　160

六、不要太在意得失　　　　　　　　　　　　　161

七、不怕吃亏，懂得让步　　　　　　　　　　　162

八、为他人着想，为自己而活　　　　　　　　　163

九、构筑一个能排遣苦闷和享受快乐的虚拟世界　165

v

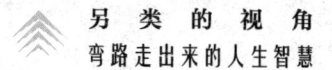

第十三章
死亡恐惧的克服及死亡前的准备

一、死亡恐惧　　　　　　　　　　　168

二、死亡恐惧的克服　　　　　　　　169

三、死亡前的准备　　　　　　　　　171

后　记　　　　　　　　　　　　　　179

第一章

学习的本质与学习的误区

> **导　语**
>
> 　　不必纠结于大学生普遍存在的"学非所愿"。"学非所愿"并不可怕，因为大学教育的目的是培养人的独立思考和终生学习能力，专业只是培养这种能力的工具。如果把这种能力的获得看作是要到达某个目的地的话，那学物理就好比是坐飞机去，学化学是坐火车去，学政治是坐汽车去，专业只是到达目的地的不同交通工具。明白了这个道理，就不难理解，除了科学家以外，其他人所获成就与其所学专业没有正相关关系，就不难理解作家没几个是学写作的，企业家没几个是学管理的，哲学家也没几个是学哲学的。科学家例外，是因为它的专业性太强。

　　现代社会的竞争，本质上就是学习能力的竞争。什么是学习能力？学习能力就是学习的方法和技巧，就是通过学习获得智慧、实现自我提升和自我超越的能力。而要实现这个目标，就要明白学习的本质是什么。只有明白了学习的本质，才能掌握正确的学习方法，才能通过

学习提升自己的能力。但遗憾的是，我们中间的不少人不明白这个道理，所以书虽读了不少，但能力却并不强，智慧并不高，过得也并不好。

一、学习的本质是思考

学习是为了提高分析问题和解决问题的能力，使自己成为智者。而要做到这一点，就必须明白学习的本质。学习的本质是什么？学习的本质是思考。只有伴随着思考的学习，才能提升自己的能力，才能促进自己的成长。

1. 学习由识记和思考两部分组成

学习是由识记和思考两部分组成的，这两部分所占的比例，在不同的年龄段是不一样的。

如果识记＋思考＝100%的话，那小学一年级的学习基本上就是识记，识记可能占学习的95%以上，思考占比不超过5%。因为小学一年级的学生，脑子里基本是空白，没什么知识，缺乏进行较多思考的素材和基础。在这个阶段，老师的教，主要是讲授一些知识和常识；学生的学，主要是记住这些常识和知识。但随着个人知识的积累，学习中思考所占的比例会逐步增大。

因此，从小学到大学再到走向社会，学习时的识记占比不断下降，思考占比不断上升，学习也从依赖教师到走向独立。

识记是为了获得思考的素材，让思考能够进行且变得容易。思考是学习产生成效的根本保障。缺少思考的学习，就会变成死记，学习就会痛苦，后果就是被迫学和厌学。

思考占比高的学习，学习的质量就高；思考占比低的学习，学习的质量就低。所以，学习中识记和思考的占比不同，学习的质量就不一样，学习的收获就不相同，个人的能力和智慧也就有差异。

2. 学习的价值不在于记住了哪些知识，而在于它触发了你的思考

学习的价值不是你记住了哪些知识，而是它触发了你的思考。学习时触发了自己的思考，才是学习的核心目标，才是学习的真正价值。

学习时触发的思考，可以与自己正在听和正在学的内容相关，也可以无关。例如，你在听 A 领域讲座的某个时候，触发了你在 B 领域的某个事情上的灵感，这也是学习的一种收获，也是学习的一种价值，而且很多时候，这种价值更大。

对接触到的事物和现象进行思考，是学习的根本和灵魂。例如，仅仅知道"升米恩，斗米仇"这个典故是没多大意义的，思考这个典故的背后原因才具有真正的价值。这个故事的大意是：在一个穷人快要饿死的时候，一个与穷人关系不错的富人给穷人送了一升米，救了穷人的急。穷人非常感激富人，认为富人是自己的救命恩人。在熬过最艰苦的日子后，穷人就去感谢富人。说话间，富人知道了穷人明年的种子还没着落，就再慷慨地送了穷人一斗谷。穷人千恩万谢地拿回家后，穷人的兄弟说了，这个富人太过分了，既然这么有钱，就应该多送我们一些粮食和钱，才给这么一点，真是坏得很。这话传到了富人那里，富人很生气，心想，我白白送你这么多的粮食，你不仅不感谢我，还把我当仇人一样忌恨，真不是人。于是，本来关系不错的两家人，由此就成了仇人，老死不相往来，这就是所谓的"升米恩，斗米仇"。

"升米恩，斗米仇"，是一种普遍的社会现象，造成这种现象的原因是人的欲望膨胀和感觉变化。所有的事情都是第一次感受最深，第二次次之，第三次再次之。这种现象和社会普遍存在的边际效应递减规律是

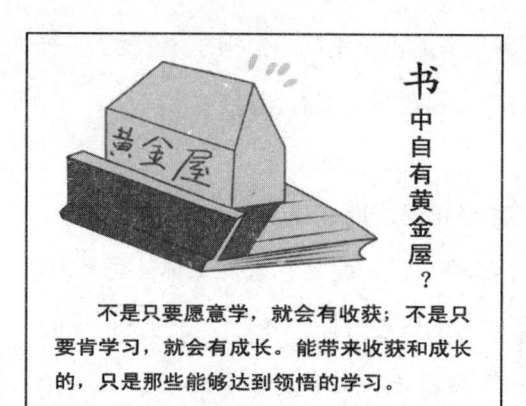

另类的视角
弯路走出来的人生智慧

> 书中自有黄金屋？
> 不是只要愿意学，就会有收获；不是只要肯学习，就会有成长。能带来收获和成长的，只是那些能够达到领悟的学习。

一致的。

学习中的思考就是将获得的知识和信息进行处理，去伪存真，从而明白其中的道理，找到其中的原因和规律。1665—1667年，牛顿一直在思考引力的问题。一天傍晚，他坐在苹果树下乘凉，一个苹果从树上掉了下来。他忽然想到：为什么苹果只向地面落，而不向天上飞？经过思考和分析，经过一系列的实验、观测和演算，牛顿揭示了宇宙的普遍规律：凡物体都有吸引力，质量越大，吸引力也越大；间距越大，吸引力就越小。这就是经典力学中著名的"万有引力定律"。

可见，只有进行深入的思考，才能明白事物的本质和规律，使自己有所作为。

3. 质疑是思考的一个非常重要的部分

所谓质疑，就是对现有结论、理论、说法和权威提出疑问，甚至否定，这是学习的一个非常重要的方面。当一个人积累了较多的知识后，就要学会质疑，不要认为名人和权威讲的话都是理所当然的正确，不要将教科书上的理论和思想视为不能怀疑的真理。要知道，事物是不断变化的，即使原来正确的东西，也可能由于时空的变化而变得不太正确，甚至错误。

例如，笔者就怀疑内向型人的这种说法，认为不存在真正意义上的内向型人。因为，所谓不愿意多讲话和内向，其实都是由四种原因造成的：一是对自己没信心，甚至有自卑感，怕自己讲的话别人不认可，所以在公众场合不愿意多讲。如果是这种情况，你只要让这种所谓性格内向的人当上领导，你就会发现他其实一点也不内向。二是不知道讲什么和怎么讲，这属于不善言辞，并非不愿意讲。三是因为与同学或同类人相比，自己过得不好，自己的自尊心又比较强，所以就不愿意与包括同学在内的大家过多来往，从而变得"内向"。四是有些人喜欢学习和思考，把时间都花在学习和思考上了，讲话和社交的时间自然就变少。可见，不愿多讲、不合群，并非真的内向。

二、学习的结果是领悟

1. 领悟就是明白了事物其中的道理

学习的结果是领悟。也就是说，学习就是要通过思考达到领悟。所谓领悟，就是明白了事物的道理、本质和规律。领悟是学习产生价值和发挥作用的关键，是知识运用于实践的基本前提。没能达到领悟的学习，是没多大意义的。

"信则有，不信则无"是我们经常听到的一句话。虽然这句话大家都很熟悉，但不少人其实并不明白其中的道理。例如，一个人在竭尽全力也无法实现自己的目标时，就会降低自己的要求，用知足常乐来安慰自己。而一旦一个人经常用知足常乐来安慰自己，他就会放弃有难度的追求，降低生活的标准，就会在较低的生活层次中活得幸福、活得快乐，最后他就会真的相信知足常乐，这就是所谓的"信则有，不信则无"。

所以，"信则有"的本质就是：人一旦走上了另一条道路，接受了另一种思想，选择了另一种生活，就自然会体验到与之相对应的另一

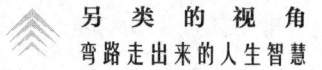

种感受。

在现实社会中，我们中间的不少人，不管遇到什么人，都会向对方讲述那些属于自己层次的问题。不管面对的是哪些人，都会用自己认为对的道理不厌其烦地去说服对方。结果大多是不仅没能达到预期目标，反而搞糟了自己的心情。造成这种现象的原因是我们不明白这样一个道理，那就是不要和层次相差太大的人讨论属于自己层次的问题。如果对方的层次太低，他无论如何也搞不清楚你讲的那些问题，你就是对牛弹琴；如果对方的层次太高，你讲的问题在他看来可能根本就不是问题，他会觉得你的层次很低，结果就是你自讨没趣。要明白，对自己再重要的事情，也无法引起那些认为这事根本不重要的人的兴趣；自己认为再有道理的道理，也无法说服那些不明白这些道理的人。

可见，只有明白了事物背后的道理，人才会知道如何去应对和作为，应对和作为的结果，才可能是自己想要的那种结局。

2. 源于实践的学习，领悟往往更为深刻

由于思考是学习的核心，而思考是不需要固定场所的，所以，学习就不一定要在学校进行，不一定要有老师讲授。在实践中学习和思考，往往更能明白事物的本来面目，获得书本上没有的知识，明白书本上没有的道理。

由于实践中学习得到的领悟往往更为深刻，学到的东西往往更具

价值，所以，不经过正规学校培养，通过自学、思考和向社会学习同样能取得成功。例如，沈从文只上了小学，却成了著名作家；黄永玉只上了小学，却成了著名画家；李嘉诚只有小学文化，却成了商界巨头和亚洲首富。

三、学习的目标是应用

1. 学习的目的是应用

学习的目的在于应用，在于解决问题，在于达到自己的目标，让自己过得更好、更幸福和更开心。不仅人是这样，动物也是如此。狼在扑杀比自己体型大很多的犀牛时，可以跟踪几天几夜。群狼一开始就非常专注地观察犀牛的动向，在无法攻击时，就会聚在一起研究犀牛的弱点，通过学习和创新攻击手段，使凶猛的犀牛成为自己的美餐。狼在弱肉强食的生物链中得以生存，它的制胜法宝就是研究对手的缺点，找出对手的破绽。狼学习和思考的目的就是扑杀猎物，让自己得以生存。善于学习和思考，是狼在生物链中得以生存的根本。

当然，也有一部分学习是难以带来物质收益的，例如记住一些历史知识和背诵古代诗词等，这种学习更多是让自己得到精神上的一些满足，也更像是一种培养兴趣和陶冶情操的过程。

2. 只有领悟才能正确应用

学以致用的前提是领悟，只有领悟了，明白了相关的道理和规律，才知道如何去实践和生活。

例如，中国台湾认知神经学教授洪兰在对大脑结构与行为差异的研究中发现，女性讲话比男性多是有必然性的。她还说男性平均每天讲7000个字,女性则为2万个字。也就是说,女性每天要比男性多讲1.3万个字。只有明白了男女之间的这种差别,才能正确地应对女性的"唠叨",才能避免因不理解女性的"唠叨"而产生的矛盾和不快。

又如,如果认真思考做饭盖锅盖这个事情,你就会发现,煮饭时盖锅盖饭更容易熟的原因是,盖锅盖能增加水面上的水蒸气压强。进一步思考你还会发现,水面上的蒸气压越高,水沸腾的温度就越高,食物就越容易熟。明白了这个道理,你就可能是第一个发明高压锅的人,而实际上高压锅就是根据这个道理发明的。

> 只有经过深度思考的学习,才能达到领悟,只有达到了领悟的思考,才能创新,才能确保正确地应用。
>
> 没有思考的学习,等于没有学习;没有达到领悟的思考,等于没有思考。

四、学习的几个误区

1. 考试认识误区

考试是评价一个人学习效果的手段,由于评价手段很难做到科学客观,所以很多时候,考试的结果与实际情况并不相符,甚至相差很远,尤其是在我们这种偏重死记硬背的考试评价制度下。

在国内,在高考等各类升学考试的压力下,学生一开始就忽视了学习的本质,追求考试分数成了大家最核心的目标。这样一来,学生完全是为分数而学,学校完全是为分数而教。

这种应试教育把教师的教变成了知识灌输,把学生的学变成了死记硬背,完全忽视了学生独立思考能力的培养。在这种情况下,上课学知识,活动赛知识,考试考知识,就成为学校教育的常态,教育偏离了教育的本质。

拿美国的教育来说,一方面,美国的基础教育在世界上被公认为竞争力不强，就连美国人自己也承认这一点。和其他国家特别是中国相比，美国学生在阅读、数学和基础科学领域的能力和水平较差，在各种测试中的成绩常常低于平均值。另一方面，美国高等教育的质量却称霸全球，美国科学家的创新成果层出不穷，并始终引领世界的科学技术发展。

有些人不明白为什么会这样，其实要明白其中的道理不难。产生这种现象的原因在于，基础教育和高等教育所采用的评价方式不同。高中及高中以下教育的评价手段是考试，而大学及大学以上教育的评价标准是创新和产出成果。美国学生在高中及高中以下的各种测试中成绩低于平均值，说明美国的教育不强调对学生灌输知识，而是注重对学生独立思考能力的培养。所以，美国的教育模式更有利于学生创新和产出成果，而我们的教育方式则更有利于学生在考试中拿到高分。

2. 学得越早越好误区

不久前，网友张逗和张花上传了一段视频，他们随机抽了10道美国 SAT（美国学术能力评估测验）数学题给中国初中生做。结果是，43名初中生中，有19人满分，16人只错一道题，8人错2~3道题。老师看了题后，认为这只相当于我国初二数学基础题的难度。为什么我们初二的学生就掌握了别人高中毕业生才掌握的知识？因为我们很早就让自己的孩子学习，我们把太多的知识提前塞进了青少年的脑袋。

其实，我们太早学习太多知识是没必要的，因为任何事物的发展都有一个过程，人的成长也不例外。太早灌输孩子太多知识，表面上有利于孩子的更快成长，但实际上是损害了孩子的未来发展。

对比中西方教育就会发现，我们小学累，中学苦，高中拼，大学混。该玩的年龄被逼学习，该学的年龄却只想玩耍。欧美则是小学玩，初

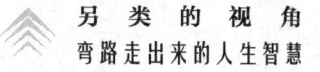

中混，高中学，大学拼。这种差别导致在中小学阶段，中国学生一般都优于欧美学生，但进入大学后，很多欧美学生不但能迅速超越中国学生，且能终身领先。

我们的大学教育为什么效果差？大学教育效果差的一个重要原因就是，我们的教育体制导致学生提前学了太多东西，学生在成年前就投入了太多精力，承受了太多负担，背负了太多压力。在经历初中和高中至少六年强大的心理重压之后，学生普遍疲惫不堪，身心俱损，产生了厌学情绪。这样他们在进入大学需要投入更多精力学习时，反而呈现出普遍的无精打采状态。这时，如果老师布置大量阅读，学生就会抱怨；如果老师组织讨论，学生就会沉默；如果老师要求严格，学生就会在学校组织的教师授课评价中给老师打低分。这些不良现象，都是学生在成长过程中"提前兴奋"导致的不良后果。

学习是一个伴随我们一生的过程，中小学和大学学习的目的，更多只是培养学生的独立思考能力和终生学习能力，为走入社会后的学习打好基础。事实证明，过早学习不见得就会有大成就，学得太晚也不见得就不会有大作为。

著名画家黄公望，45岁才当上一名书吏。官还没做几天，上司就因贪污和掠夺田产被抓，自己也因此被牵连入狱。出狱时已年过五十，这时的黄公望才决定与过去的生活决裂，想拜王蒙为师学画。王蒙看黄公望都年过半百了，就摆手说："你都五十了，还学什么？太晚了，回去吧！"但黄公望并不气馁，还是坚持学画。他80岁那年正式开始画《富春山居图》，84岁时终于完成了被后世称为"中国十大传世名画"之一的这幅巨作。

3. 知识越多越好误区

掌握的知识并非越多越好，价值不大的知识不一定要掌握，有价值的知识才值得学习和思考。所以，我们应该根据自己的需要，有选择性地学习。

在网络如此发达的今天，有些知识根本就用不着去记。如果需要这些知识，短短几分钟就可以通过网络轻松获得。要知道，人的大脑存储量是有限的，没什么用甚至无用的知识占据了太多空间，就会导致有用的东西没地方存放。

其实我们花了很多精力记住的那些知识，绝大部分不是在考试后被忘掉，就是自己一辈子都不会用到。既然这些知识要么会被忘掉，要么一辈子也很难用到，就没有必要在记住这些知识上花精力。

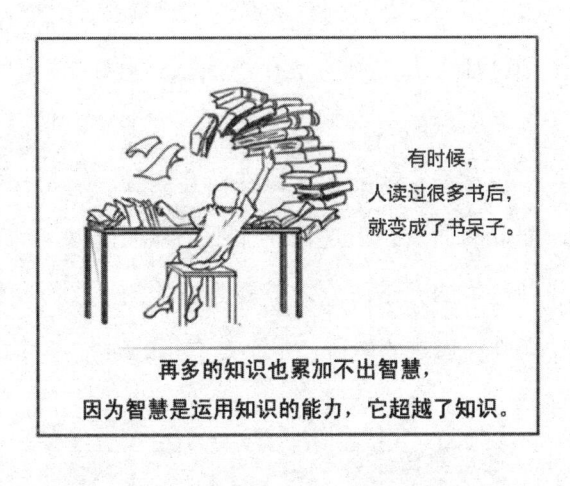

有时候，人读过很多书后，就变成了书呆子。

再多的知识也累加不出智慧，因为智慧是运用知识的能力，它超越了知识。

人的生命是有限的，知识却是无穷的，用有限的生命去记住无限的知识，最终只会是筋疲力尽。知识对人来说，就像水对土地，一定要适量。水太少的土地会干死种子；水太多的土壤会淹死庄稼。

所以，我们应该成为有智慧的学习者，而不是知识的囤积者。

4. 通才认识误区

从大学的课程设置来看，我们强调的是通才教育。一般大学课程的教材堆起来至少有两米高，要掌握和理解这么多知识是不可能的。

我们太想把大家都培养成通才，结果培养出来的人却什么都不是，还浪费了大量宝贵时间。

造成这种现象的原因是，我们对通才的认识有误区，我们认为通才是可以通过课程教学培养出来的，而事实上通才只有通过实践才能锻炼出来。看看学管理专业的毕业生大多只是中下层员工，没几个担任高管，你就会明白，学校专门培养的通才是很难有用武之地的。

学校没必要刻意培养通才的原因有两个：一是现代社会分工越来越细，社会更需要的是有独立思考能力和学习能力的专才，以及能融合关联领域的复合型人才。而对大多数人来说，只要有一技之长并知道一些常识，就能很好地在社会立足。二是社会虽然也需要一部分知识面广的通才，但这种通才不是学校能够培养出来的，而是通过大量实践造就的，是由专才扩展为通才的。没有实践积累的通才，根本就不能胜任通才的岗位，也不是真正的通才。

5. 大学教育误区

担任 20 年耶鲁大学校长职位的理查德·莱文说过，一个学生从耶鲁大学毕业时，如果拥有了某种很专业的知识和技能，那是耶鲁大学教育的最大失败。他认为，专业的知识和技能是学生根据自己的意愿，在大学毕业后需要去学习和掌握的东西，那不是耶鲁大学教育的任务。

理查德·莱文的观点是正确的，大学教育的核心是培养学生的批判性独立思考能力，并为终身学习打好基础，专业不过是培养这种能力的途径。不强调知识和技能的传授，而是通过独立思考能力和学习能力的培养，让人在未来胜任多种学科和职业，才是大学教育的本质和目的。

人一生中从事的职业并非一成不变。调查显示，三年内就有四成大学生转行。这中间有很多人放弃了自己喜欢的专业，去从事自己原本并不喜欢的职业，然后通过实践才找到了真正适合自己的岗位。

所以，大学专业教育仅仅是为大学生的第一份职业所做的基本专业准备。独立思考能力和学习能力的培养，才是大学专业教育的最根本任务。

6. 专业认识误区

调查显示，高校中所学专业并非自己所愿的学生超过1/3，为此，很多学生都想转专业。其实，"学非所愿"没那么可怕，"学非所愿"的问题也并非我国教育体系所独有，而是教育领域普遍存在的现象。这么多人想转专业，是因为他们没搞清楚专业的本质。

只要看看那些成功人士是成功在什么方面，再看看他们当初学的是什么专业，我们就会发现，除了科学家的成就与其所学专业有一定关系外，其他人所获成就与其所学专业没有正相关关系。

其实，大学是一个人从学校走向社会的过渡阶段，是为进入社会所做的基本准备，大学教育的目的应该是培养人的独立思考能力和终身学习能力，专业只是培养这种能力的素材。如果把这种能力的获得看作是要到达某个目的地的话，那学物理就好比是坐飞机去，学化学是坐火车去，学政治是坐汽车去，专业只是到达目的地的不同交通工具。明白了这个道理，就不难理解，除了科学家以外，其他人所获成就与其所学专业没有正相关关系，就不难理解作家没几个是学写作的，企业家没几个是学管理的，哲学家也没几个是学哲学的。科学家例外，是因为它的专业性太强。

7. 学习兴趣误区

学习不能只讲兴趣，因为生活中会遇到各种各样的问题。这些问

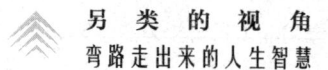

题，你不一定有兴趣，但你必须要解决。

的确，我们不少大学生之所以学某个专业，不是因为自己的兴趣，而是因为父母的建议。但需要指出的是，很多时候，父母的建议是有其合理性的，学父母建议的专业，也不见得就是坏事。

2009年，有一个人考上了硕士研究生并成为新闻，因为考上研究生的是一个普通工人；三年后这位硕士研究生毕业，再次引起关注，因为他找不到工作。为此，有不少网友发表了评论。其中一个网友说，学什么不好，偏偏学哲学，穷人学技术，富人学管理，帝王将相学哲学，这个道理都不懂。

网友这话虽有些偏激，但也有一定道理。因为普通人的人脉资源少，学哲学找工作就会困难很多。学习不需要人脉资源、社会需求量又大的硬技术，才是没有资源的普通人将来在社会上安身立命的最保险选择。

8. 书读得越多越好误区

随着社会分工的细化，各方面的书籍越来越多，博览群书已不可能。书籍数不胜数，但一个人的时间和精力是有限的。因此，读书要有选择性和针对性，不能什么书都读。那些对自己作用大的书要多读，对自己作用不大的书尽量不读，那些带有消遣性质的书要控制着读。

要注意在不同的阶段读不同的书，要防止把现在应该读的书放在以后读，也不要把将来才适合自己读的书提前读。年少时读《孙子兵法》这样的书，不会有什么收获；没有足够的人生阅历，读鲁迅的作品，会难以读懂；在自己没有一定社会地位、没达到干大事的程度时，读《曾国藩传》也不会有什么作用。在还不具备领悟能力的时候，即使读了很有价值的书，也不会产生真正的价值。

9. 读书无用误区

由于学习转化为能力和智慧需要一个过程，能力和智慧给人带来收益也需要时间，这种学习与收获的时间差，导致一部分人认为读书无用。

但实际上，研究表明，不读大学会让人一生中少赚很多钱，少获得很多资源，少结识很多人脉。也许一个刚毕业大学生的工资甚至赶不上已经工作几年的高中毕业生，但拥有大学学历的人，由于其所积累的知识、智慧、资源和人脉会在整个职业生涯中发挥重要作用，能使自己的收入增长速度越来越快，所以能逐步拉开与高中毕业生的差距。

也就是说，读书的好处虽不能一朝一夕地体现出来，但读书对一个人潜移默化的影响会长达几十年。世界早晚会惩罚那些不读书的人，有学问的人迟早会在社会的竞争中战胜没学问的人。

可见，这世上根本就不存在读书无用这回事，所谓的读书无用，其实都不是真的读书无用，而是因为自己不会读书。

第二章

兴趣、职业与就业

导 语

　　工作是否快乐，与兴趣没有必然联系，工作本身也没有快乐与不快乐之分。一个人之所以工作不快乐，是因为工作时投入不够。只要够投入，不管工作是什么，都会做得很快乐。能否成功，和兴趣也没有直接关联。苹果公司的成功，不是因为乔布斯钟情电子产品；万达集团的成功，不是因为王健林喜爱房地产；阿里巴巴的成功，也不是因为马云喜欢电子商务。他们成功，是因为他们心怀梦想，是因为他们想有所作为，这是他们的动力，也是他们成功的根本。

　　兴趣是对事物喜好或关切的情绪，职业是劳动的不同分工。兴趣和职业是两个不同的事物，但很多时候，人们却将两者连在了一起。

　　不少人认为，兴趣是最好的老师，所以要从事自己感兴趣的职业。他们认为，只有把兴趣作为自己的职业，工作才会快乐，自己的潜力才能得到充分发挥，取得成功的可能性才大。这种说法听起来很有道理，所以误导了很多人。

一、兴趣与职业的相关性

兴趣是一种喜好，是精神层面的东西。职业是一种社会分工，是人们从事的一种工作。所以，兴趣与职业是两个不同层面的事情。爱因斯坦说过，要把一个人的爱好和职业尽可能远地分开，把一个人的生计所在和个人兴趣硬凑在一起是不明智的。对绝大多数人来说，在绝大多数情况下，不应该根据兴趣来选择职业，原因主要有以下五点：

1. 兴趣是会变的

兴趣不是天生的，会随着环境的变迁和个人的成长发生改变。我们不少人小时候喜欢画画、跳舞和弹琴，长大后对这些东西却兴趣全无，就是兴趣变了。兴趣发生改变的原因主要有三点：

一是新鲜感消失。新鲜感消失是兴趣发生改变的一个重要原因。最典型的就是小孩很喜欢新买的玩具，爱不释手，但玩几天后，就扔在一边不要了。其实，喜新厌旧是人的本性，很多时候我们没有喜新厌旧，不是我们不喜新，是因为我们没有喜新的条件，是因为在舆论或其他力量的束缚下，我们不敢把喜新变成现实，我们克制了自己。

二是发现了更有趣的东西或事情。很多时候，一个人之所以对某个东西或某件事情感兴趣，是因为他还没有接触到更有趣的东西或事物，就像我们很多人所谓的"朋友"，不过是"恰好认识了的人"而已。当一个人发现了更有趣的东西或事物后，兴趣自然就会转移。

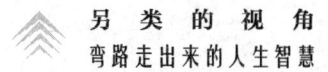

三是兴趣会因为对情况的了解和环境的变化而发生改变。很多时候，我们对某个东西或事情有兴趣，是因为特殊的时空环境，是因为没有充分了解这个东西或事情的真实情况，在了解真实情况或时空环境改变后，对这个东西或事情就不再有兴趣。

可能有人会说，我的兴趣是不会变的。是的，在你对某个东西还感兴趣的时候，你当然会说你的兴趣是不会变的，就像当你还爱着一个人的时候，你肯定会说你是不会离开她/他的，你会爱她/他一辈子的。但实际情况又是怎样的呢？据统计，2016年中国有830万人离婚，这中间有很多人在结婚时信誓旦旦地说要爱对方一辈子，要与对方白头到老。那么多当初爱得死去活来的人都会分手和离婚，兴趣发生改变又有什么不可能？

2. 兴趣是可以培养的

老一辈人的婚姻一般都是父母之命或媒妁之言的产物。虽不是自由恋爱，但也有相当一部分夫妻过得幸福，感情很好，这说明感情是可以培养的。感情都可以培养，兴趣就更不是问题。

很多时候，当一个人刚开始接触某一事物的时候，由于没能深度感受事物的方方面面，不一定会产生兴趣。但随着接触时间的增加和对事物的了解增多，就会逐步感受到事物的乐趣和好处，就会变得喜欢和有兴趣。

北京大学原校长周其凤，1965年考上大学化学系时，对化学并不感兴趣，但后来却喜欢上了化学，并成为具有国际影响力的化学家和中科院院士。这个事实说明，有时候，一个人坚持做了自己最不想做的事情后，反而会得到自己最想得到的东西。

3. 兴趣与能力不一定匹配

一个人对某一特定职业有兴趣，并不意味着他就能干好这个职业。例如，你想成为篮球明星，但你的身高却只有 1.6 米，显然这种愿望与你的条件并不匹配。可见，兴趣能否成为职业，还受个人能力、物质基础和环境条件等因素的制约。

泳坛"飞鱼"菲尔普斯是极具游泳天赋的，但菲尔普斯最初喜欢的却是球类运动，他的爱好与他的天赋是不一致的。好在当初他的父母不是根据他的兴趣来培养特长，否则泳坛就不会有"飞鱼"传奇了。

有调查显示，真正把兴趣变成了职业的人，只有 5% 左右，我们绝大多数人都是为了生计而工作，职业与自己的兴趣无关。

4. 工作动力与兴趣没多大关系

有人说，没有兴趣，工作就没有动力，其实不然。企业老总没日没夜地工作，他们的动力不是兴趣，而是他们的梦想。开小店的人，一天可以工作十几个小时，他们那么辛苦，动力不是兴趣，而是赚钱。可见，对绝大多数人来说，工作动力与兴趣没多大关联，与梦想和金钱有很大关系。

需要指出的是，不少人确实是根据自己的兴趣来选择最开始的那份工作。但工作一段时间后，一些人就会发现，他们还在做这事的原因就不再是当初他们自己的兴趣了，而是赚钱和获得成就感。从此以后，什么能获得名利，他们就做什么；什么能功成名就，他们就干什么。他们不再谈兴趣，只谈名利和成就。

5. 兴趣与工作快乐及成功与否没多大关联

现在不少地方都有丧事乐队，看起来这应该是个不受欢迎和不快乐的职业，但事实上有不少人在做这一行，而且做得还很开心。为什么？因为他们在做这事的过程中有了收获和成就感。可见，工作本身没有快乐与不快乐之分。

一个人工作之所以不快乐，是因为他工作时投入不够。工作时投入不够，人就不会有什么收获，就不会有成就感，自然就不会快乐。

同样，能否成功和兴趣也没直接关联。苹果公司的成功，不是因为乔布斯钟情电子产品；万达集团的成功，不是因为王健林喜爱房地产；阿里巴巴的成功，也不是因为马云喜欢电子商务。他们成功，是因为他们心怀梦想，是因为他们想有所作为，这是他们的动力，也是他们成功的根本。

二、就业选择的三个考量

社会的结构和运行方式，决定了社会是少数人创业，多数人就业，少数人做老总，多数人做员工。所以，找工作和就业就是大多数人的必然选择。对不同的人来说，虽然就业时的考量千差万别，但一般都会考虑以下三个因素：

1. 公司大小

大公司的好处是公司已经成熟，工作稳定，待遇相对较好。大公司的坏处是个人的发展机会相对较少。

小公司的坏处是待遇相对较差，公司倒闭关门的风险大，工作不太稳定。但如果小公司是一个快速发展的公司，那个人的发展机会就会很多。

相对大公司而言，小公司之所以发展机会更多、发展空间更大，原因在于公司的结构。社会现实是，不管是什么公司，它都是一个金字塔结构，大公司是大金字塔，小公司是小金字塔。去小公司工作，虽然一开始也是被安排在金字塔的底部，但因为公司小，在自己上面的人就不会很多。这样，随着小公司的发展壮大，先进入公司的员工就会被后招聘进来的员工抬起来，成为金字塔的上部，甚至塔尖部分。

而大公司则不一样，大公司是大金字塔，新进员工被安排在金字塔底部的时候，上面就已经有了很多员工。再加上大公司已经处于成熟期，公司的发展速度不可能再像小公司那样快，所以金字塔底部的员工进入中高管理层的机会就会小很多。

所以，不要以为在小公司工作就没前途、没希望。实际情况是，在一个快速发展的小公司工作，个人的成长速度往往更快，个人的发展空间往往更大。另外，由于小公司人手少，一个部门的人兼另一个部门的工作是常事，甚至身兼数职。虽然这样会比较辛苦，但对员工却是很好的锻炼，员工也因此有机会了解和熟悉公司的整体运行，这对员工的成长和以后的创业是非常有利的。

2. 公司行业

很多人喜欢从公司涉足的行业来推测公司的前景，以此判断个人的发展前途，认为个人的发展前途与公司从事的行业有很大关系。

其实，行业没有好坏之分，在所谓的好行业中，也有日子过得不好的差公司；在所谓的差行业中，也有日子过得很舒服的好企业。企业的好坏，不由企业所在的行业决定；企业的好坏，是由企业自己在这个行业中的地位决定。

既然企业的前途与涉足行业没多大关联，那作为公司的一名员工或者单干的个人，自己的前途也就与行业和职业类别没多大关系。俗

话说,"三百六十行,行行出状元",如果能跑得像博尔特那么快,那跑步也可以成名和赚大钱。

实际上,一个人有没有前途,不在于他做的是什么,而在于他是如何做的,在于他做到了什么程度。

3. 改专业和改行

职业并非所学专业和改行,是比较普遍的现象。一个人一生都从事刚开始从事的那份工作的可能性较小,原因有四点:一是原来的专业和职业不一定适合自己;二是个人晋升或岗位调整;三是公司倒闭等客观因素所迫;四是厌倦了原来的工作或长时间做一个工作却没有建树,需要改行。

长时间从事一种专业或工种,能让自己成为这个专业或工种的专家。但也有可能会因为长时间地钻研一个狭窄领域而导致自己的思维僵化,反而不利于创新和成长,使自己难有作为。在这种情况下,就需要换一种角度来审视工作,或者干脆转行。

有时候换一个专业或职业,用A行业的思维来解决B行业的问题,会取得意想不到的成功。郭沫若和鲁迅都是学医的,从事文学创作后,都成了文坛巨人;马云是学英语的,弃笔从商后,成了电商巨头,充分说明了这一点。

需要指出的是,在选择职业时,不应太在意工作的稳定和工作报酬,更不能因此放弃有挑战性的工作。比利时《老人》杂志曾对60岁以上老人做了"你最后悔什么"的调查，结果显示有 67% 的老人后悔年轻的时候选错了职业，后悔当初在选择职业时，更多地考虑工作的稳定和收入，而不是工作的挑战性。

三、员工升迁的条件

1. 把公司的事当作自己的事来做

很多员工认为自己只是为老板打工，其实，这种想法完全错了。你的确是在为老板做事，但你给老板做事，老板是给了你工资的。所以，你其实也是在为自己做事。工作的时候，老板给的钱多一点，你就多干一些，否则就少干一些；老板在公司的时候，你就多干一些，否则就少干一些。如果是这样，你就不会有发展，就不会有前途，你迟早会被淘汰。

实际上，对一个员工来说，比薪水更重要的是工作背后的机会、学习环境和成长过程。如果一个人把工资当成自己工作的唯一目的，那这个人注定一辈子都难有大的出息和作为。

亿万富豪童文红进入阿里巴巴的第一个职位是公司前台，现在是阿里集团资深副总裁兼菜鸟首席运营官。童文红的经历告诉大家，一个人如果能以老板的心态打工，那他早晚会成为公司的股东，早晚会成为公司的主人。

2. 为公司做出实实在在的贡献

经常有员工这样抱怨："老板太不公平了，我为公司做了这么多事，干了这么多年，没有功劳也有苦劳，为什么老板不给我加薪？为什么老板不提升我的职位？"其实，说这话的员工应该反省一下自己，你为

公司创造了多少价值？在公司的发展过程中，有你多少功劳，有你多少贡献？

员工要明白，苦劳是企业的负担，功劳才是自己存在的价值。一个员工，如果做不出成绩，即使付出了很多，也不会得到公司的认可。

社会现实是，你自己值多少钱，你才能赚多少钱。所以，在抱怨自己赚钱少之前，要先努力让自己变得值钱。

3. 努力做好领导交办的每一件事

作为企业的员工，一定要尽力办好领导交办的每一件事。给领导办好了一件事，就赢得了为领导办下一件事的机会。反之，如果领导交办的事没办好，甚至办砸了，再获得下一次给领导办事的机会就难了。如果领导交办的两件或两件以上的事都没办好，那自己就不会再有给领导办事的机会了。一个人，如果不再有为领导办事的机会，也就不会再有被领导提拔的可能。

4. 汇报问题时让领导做选择题而不是问答题

给领导汇报工作时，不要带着问题请教领导，要拿着方案让领导选择。遇到问题，自己没有解决方案，而是问领导怎么办，是不负责任、愚蠢和无能的表现。因为工作是你具体负责，你比任何人都更了解这个工作的情况，遇到问题时你却问领导怎么办，你的价值在哪里？既然你没有价值，领导又怎么会再用你？你又怎么会有前途？

5. 最大限度地让同事喜欢自己

要想让同事喜欢自己，就要做到以下四点：

一是放低姿态。一个人如果能主动放低姿态，别人对自己就会产生一种亲近感。因为在职场中，人们通常不喜欢趾高气扬的人，与过于强势的人会保持一定距离。相反，一个人如果能主动放低姿态，能坦然面对自己的不足，别人对自己的好感就会油然而生。

二是换位思考。很多时候，我们都是站在自己的角度思考问题，这样导致与他人产生很多误会，甚至相互指责和伤害。如果能换位思考，站在他人的立场思考问题，自己就会变得包容，就更能理解别人，误会就会减少很多。

三是做好自己的本职工作。做好自己的本职工作是一把"双刃剑"，如果总做不好自己的工作，就会被同事看不起，就会因拖累团队的业绩而被边缘化。但如果总是做得很出色，往往也会招来同事的嫉妒，因为团队是一种既合作又竞争的关系。但同事的嫉妒并不可怕，只要你因业绩好而得到了晋升，成为同事的上司，这些嫉妒自然就会消失。

四是多帮助别人，多一些付出。你多做了一些事情，多帮助了一些同事，是不会吃亏的，因为总有人会记得你的好，你的这些善举和付出最终也会回报在你自己身上。

6. 有责任心和对公司忠诚

一个人的工作能力可以比别人差，但责任心一定不能差。凡事推三阻四、找客观原因，而不反思自己，一定会失去上司的信任。甘当

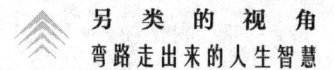

马前卒，多为公司和上司分忧，上司有好事时自然就会想到你。要知道，对领导和公司的忠诚，是你在公司的保命符，没业绩有它，你还能存在；没有它，你再有能力，也什么都不是。单位可以开除有能力的职员，但对一个有责任心和忠心耿耿的员工，没有人会想他走。

7. 心怀梦想，有点野心

纵观历史和商界，从基层做到王者和巨头的人比比皆是。所以，即使是一个最底层的员工，在为别人鼓掌的时候，也应该下决心通过努力，让别人有一天也为自己鼓掌。即使是一个最基层的员工，在听别人安排的同时，也应该通过拼搏，让别人有一天也被自己安排。

俗话说，不想当将军的士兵不是好士兵。同样，不想往上爬的员工不是好员工。在你弱的时候，心中的梦想和野心可以不讲出来，但一定要有，而且要为此努力和奋斗。

四、企业负责人需要做到的事情和明白的道理

如果你有幸成为企业的负责人、高管，当然也包括只管几个人的小负责人，则要好好珍惜。除了按大家都明白的一些道理做好自己的工作外，还要做到和明白以下五点：

1. 视上司为导师，视同级为朋友，视下属为亲人

视上司为导师的原因有两个：一是一般来讲，上司的能力会比一般人强，智慧和明白的道理会比一般人多，所以要向上司学习；二是视上司为导师，尊重上司，对自己的发展和晋升只会有好处，不会有坏处。

视同级为朋友，同级的人才会帮助和支持你，你的工作才能做得

比别人出色。

把下属当亲人，下属才会为自己拼命，自己才能做出超越他人的成绩，晋升才会变得容易。

2. 个人在私营机构中的地位是靠自己打拼出来的

在私营机构中，老总是不会把不称职的人放在重要岗位的，即使是自己的亲人，也不例外。所以，如果你在私营机构工作，就不要试图通过讨好老总来获得高级职位。在私营机构中，讨好老总的最好办法，就是把自己的工作做到超过老总的期望值。

3. 对自己的要求要比上司高一些，适当做一点超越自己范围的事情

一个人把自己的本职工作做好，不一定就能晋升，但如果做出的成绩经常超出上司对自己的要求，那他想不升迁都难。这是因为，当你的成绩达到了上一层级的水准，就表明你已经具有了上一层级的能力，晋升就是自然而然的事了。

另外，负责人除了做好自己的本职工作外，还应适当抽一点时间，站在上司乃至公司的立场思考一些问题。这样，在与上司乃至公司负责人交流时，你就有能力站在更高的层次展示自己，这对自己的晋升是非常有利的。

4. 不要忘了自己的服务职责

企业中层负责人的最主要职责有三个：

一是向上司或公司提交自己部门的工作计划。提交的计划，经上司和公司讨论批准后，成为自己部门的工作计划。

二是执行上司或公司的决策。这时，自己越优秀，要执行的决策

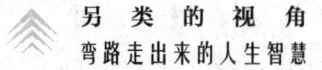

内容与自己所做的计划就越一致。

三是为下属服务。在给下属布置任务后，负责人的主要工作就变成了为下属服务。这时负责人要及时帮助下属解决工作中遇到的问题，确保顺利完成部门任务，实现预期目标。负责人要明白，把下属和员工推到前台，给他们充分的授权和责任，而自己在后面为他们服务，是取得成功的秘诀。

5. 如果你的员工或下属没有成绩，责任一定在你自己

你的员工或下属没有成绩或成绩不佳有两种情况：一是你自己的决策和安排有问题，在这种情况下，员工和下属怎么做都不可能有成绩，这个责任当然在你自己。二是你自己没问题，部门没有成绩是因为员工和下属的能力不行或者不尽力等因素所致。但这个责任还是在你自己，因为你没有发现员工和下属不行，说明你没眼光；你发现了员工和下属有问题而不处理和调整，说明你不称职。

第三章

创业与企业家精神

> **导 语**
>
> 如果想创业，就不要因为还没有一个很好的商机，还没有很好的技术，就不去行动。好的商机是在经营中发现的，好的技术是在运行中完善的，好的商业模式是在发展中形成的。马云是从做翻译开始的，腾讯是从做传呼走过来的，华为是从做代销华丽转身的。对一个优秀的个体或团队来说，现在有没有什么不重要，重要的是赶紧行动。要知道，如果一个人或一个团队真的优秀，就一定能在前行中找到一条适合自己的发展道路，把梦想变成现实。

一、创业前的五点思考

不管是一个工作多年的人，还是刚踏出校园的大学生，都会面临这样一个问题，那就是如何做出就业和创业的选择。

一个人是就业还是创业，要根据自己的实际情况和人生规划来决定。对一个想创业的人来说，在决定创业前应该考虑好以下五个问题：

另类的视角
弯路走出来的人生智慧

1. 想好自己要做的事情吗?

想清楚自己要做的事情,是创业的最基本问题。尽管很多人并非成功于他们最初决定要做的那个事情,但这不能成为否定创业前需要想好做什么的理由。因为只有想清楚要做什么、怎么去做,创业才能有条不紊地进行。至于创业过程中因情况变化而调整经营内容,那是后面的事情。如果还没想好做什么,还没想清楚怎么做,就不要急于创业。

2. 创业是靠眼睛还是靠眼光?

李嘉诚说,当一个新生事物出现的时候,如果所有人反对,你要坚定地做;如果95%的人反对,你要赶紧做;如果有50%的人认同,你就做一个消费者好了。

什么是机会?机会就是现在很少人知道、很少人认同、很少人去做,但未来会有很多人知道、很多人认同、很多人去做的事情。

3. 创业是单打独斗还是团队打拼?

社会中充满竞争,优胜劣汰是千古不变的规律。在强者越强、弱者越弱的时代,唯有抱团,发挥每个人的优势,才是真正的取胜之道。没有团队,不懂合作,注定会在竞争中被淘汰。所以,如果你不是一个团队,是否要创业就要慎重考虑,因为单打独斗是很难成功的。当然,如果你只想开个小店,赚点小钱,则另当别论。

4. 自己有多少资源,承受得了创业的失败吗?

这是一个非常现实的问题,资金是做事的根本,资源是发展的保障。没有粮草弹药,是无法打仗的。创业者要清楚自己有多少资金,能否支撑到收支平衡的那一天;创业者要想清楚自己有多少人脉资源,未来怎么扩展人脉资源。要想明白，如果是负债创业，自己是否承受得了创业的失败。

> 成功路上并不拥挤，因为成功路上，光说不做死一批，亲人打击死一批，朋友嘲笑死一批，不爱学习死一批，自以为是死一批。有时候，剩者为王。

5. 在创业路上，是自己乱走，还是有导师指导？

父母优秀，才可以培养出优秀的孩子；导师优秀，才可以带出优秀的学生。我们没办法选择父母，但找什么样的导师，我们可以自己决定。成功的第一条，就是找到人生导师。一个好的导师，可以帮助自己少走很多弯路，加快实现目标的速度。

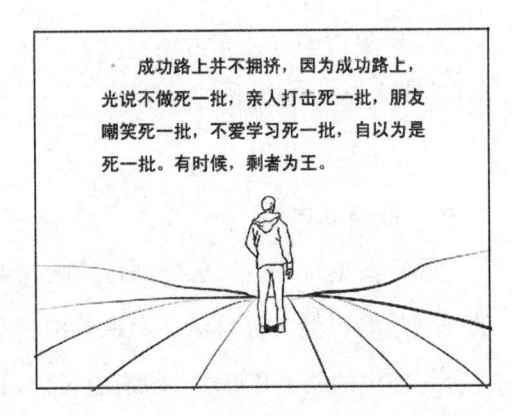

二、创业的三个步骤

1. 想好涉足行业

创业行业选择正确，成功的速度就会更快。在决定涉足行业时，一般只需要考虑两点：一是涉足行业的方向对不对？涉足一个市场越来越大的行业的发展机会，比一个市场逐步萎缩的行业要大很多。二是自己在拟涉足的行业有什么优势？自己能否在这个行业立足？如果自己已经具有或者通过努力会具有行业优势，那就可以选择在这个行业创业。

创业选择的行业和项目，不一定是自己最熟悉的，但一定是有前途的，一定是最能发挥自己潜力的，一定是与别人相比能形成竞争优势的。

另外，如果想做一个大公司，就不要选择一个很窄的行业和市场，

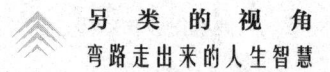

因为一个很窄的行业和市场支撑不了一个大公司。当然，如果只是想过渡一下，则另当别论。

2. 制订战略战术

确定涉足行业后，就要制订清晰、可操作性强的发展战略。公司的发展战略包括长远目标、宏观架构和商业模式等。公司的发展战略是公司前进的路标和灯塔，没有它，公司就会找不到方向。

有了发展战略后，就要围绕战略确定相应的战术。什么是战术？战术就是为实现战略目标分解出来的若干个小目标的具体谋划和方案。

战略战术的制订是创业的最关键环节，战略战术是优是劣，决定了企业是生是死。

3. 落实战略战术

落实战略战术，就是将战略战术对应的规划计划变成现实，就是要整合各种资源来实现战略战术。在这个阶段，执行力很重要。

三、创业注意点

有关创业的书籍和讲座很多，各种建议和经验介绍数不胜数，但不少都是一些大道理和经过包装的经验故事，对创业难有实质性的指导作用。以下是笔者协助他人创业过程中的一些亲身感受，供创业者借鉴和思考。

（1）创业初期是创业最关键、最艰难的阶段。创业能否度过这个阶段活下来，取决于三个因素：一是从创建公司到搞清楚公司应该做什么和怎么做所需时间的长短；二是企业的资金能不能支撑到公司完成试错甚至开始盈利的那一天；三是团队能否承受住从公司创建到公司开始盈利所必须经历的种种艰难。

（2）创业要有坚定的决心，对愿景坚定不移。创业总有一个最艰难的阶段，在这个阶段，承受的经济压力达到了极限，失去耐心的股东变得严厉，没有人愿意给你投资，甚至连身边的亲友都劝你放弃。这是创业必经的死亡之谷，是对创业者的身心最严峻的考验，多数团队会在这里弹尽粮绝、分崩离析。只有决心坚定的少数人能够撑过这个阶段，有幸走上之后的康庄大道。

> 真正的强者，没有靠山，自己就是山；没有资金，自己找资金；没有天下，自己打天下。真正的强者，不是没有眼泪，而是含着眼泪依然在奔跑。

（3）实力决定尊严，成就赢得脸面。你是否能赢得尊严和脸面，由你的实力、地位和成就决定。所以，创业者不要太在意面子，脸皮要厚，因为没有不需要别人帮助的创业过程。你是否能弯下腰来，甚至是趴下，去找别人帮忙，去推销自己，决定了你能否渡过一个又一个难关。创业者不要觉得求人没面子，因为很多人并没有因为没求人而得到什么面子。要明白，当你没有价值的时候，就不会有人在乎你的面子。所以，面子不是你现在不去求人，而是将来有人会来求你。

（4）企业的发展过程，实际上就是企业负责人从没资源、没影响力和号召力，到有资源、有影响力和号召力的过程。做不到这一点，企业就无法发展壮大，因为企业的发展归根到底是各种资源整合和各种要素汇聚的结果。所以，尽快让自己有资源、有影响力和号召力，是企业负责人必须要做的重要工作。

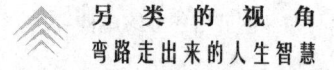

（5）大家都明白的道理对经营公司是没有价值的，按大多数人都认可的思路去经营公司，是很难做成大公司的。优秀负责人的想法和做法，应该是绝大多数人都难以理解的，股东之所以支持他，不是因为股东明白或赞同他的想法，是因为股东相信他这个人。

（6）在公司各种投票表决中，尤其是创业的初始阶段，不少股东会按自己对这个事情的判断来投票。这就导致不少时候，思考很少的人会把他人花很多时间思考出的提议给否决了，使公司陷入困难和混乱，阻碍公司的发展。股东要明白，即便自己花时间去对提议进行调研，调研的透彻程度也很难超过提出这个提议的人。所以，在公司进行相关表决时，股东表决的不应该是自己对提议的判断，而应该是对提议人的认可。

（7）山外有山，人外有人。任何时候，都不要以自己的高度去判断别人的高度。你能做成的，别人不一定也能做成；同样，你做不到的，别人不一定也做不到。大量实践证明，我们经常犯的一个错误是高估自己，但更经常犯的一个错误是低估别人。

四、创业成功的八个关键

1. 善于用人

用人是企业家最重要的工作，用对了人，你就是天天睡觉，公司也会快速发展；不会用人，你就是 24 小时不休息，公司也很难有起色。

实际上，一个企业或一个单位的所有问题，归根结底都是人的问题。所以，所有针对问题的解决，都只是治标，管理问题背后的人，才是治本。对一个企业来说，用对人，是成功的最关键因素。

2. 要有诚信

诚信包括两个方面：一是对内诚信，二是对外诚信。不管是对内还是对外，创始人都必须真诚，要讲实话，要诚信。创始人只要有两三次食言，他的信用就会破产，就会被追随者和消费者抛弃。

3. 善于学习和思考

当今社会的技术、产品和服务，其更新和淘汰速度前所未有，社会真正进入了一个日新月异的时代。在这个时代，唯有勤于学习和思考，才能顺应和引领潮流，才能实现自己的梦想。

从开始创业到创业成功，有一个漫长的过程，让这个过程变短的唯一办法，就是通过学习让自己变得有能力和有智慧。

企业创始人的学习能力，决定了企业的发展速度；企业创始人是否善于学习，决定了企业的前途命运。

4. 善于授权

授权，或者说是放权，是指当你决定让一个人负责一个部门或者一件事情时，就要给这个人充分的权力，如果不是特殊情况，就不要插手干预。尽量不插手干预的原因有两个：一是在结果出来以前，对和错根本无从判断，你认为是对的，不一定就对，你认为是错的，也不一定就错。而一般来讲，工作的具体负责人对情况比你了解得更多，所以他才更具发言权。二是你的干预会导致下属无法放开手脚工作。经常性的干预一方面不利于人才的培养，另一方面，由于干预导致下属不能按自己的意图做事，在这种情况下，就无法厘清事情成败的贡献者和责任人，就无法判断下属是否有能力。

所以，在落实企业战略战术时，要善于授权和充分授权。因为只

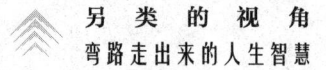

有伴随充分授权的任务，才会得到高质量的执行，才能充分激发下属的潜力。也只有伴随充分授权的任务，才能真正检验下属的能力和才干。

5. 关心员工和下属

　　关心员工和下属，最重要的是要做到两点：一是变企业为大家庭，让员工感受到家庭的温暖；二是变企业的生意为大家的生意，将企业效益与个人利益挂钩，尽可能地提高员工的福利待遇。要知道，只有让大家一起分享打拼来的财富和荣誉，团队才能形成强大的凝聚力，才能战无不胜。

6. 重视人才培养，尤其是高管和自己接班人的培养

　　诸葛亮决策时，更多是他个人智慧的专断，缺乏对下属的悉心指导和培养，广大谋臣及将领缺乏决策的实际锻炼，这种习惯导致蜀汉政权对诸葛亮的绝对依赖。诸葛亮身居丞相，工作不分大小，亲力亲为，没有为蜀汉政权造就和培养人才，造成了蜀中无将才的困局，导致蜀汉灭亡。所以，对一个优秀的领导来说，他最重要的工作就是发现和培养优秀人才，而不是把自己变成什么事都管、什么事都做的人。

　　选择对的人培养，是培养人才的最关键环节。单从能力的角度看，笔者认为有两种人是不可以培养的：一是频繁向你请示和汇报的人；二是工作电话频繁的中层以上负责人。

　　为什么这两类人不可以培养？因为频繁向你请示和汇报的人，不是问你应该怎么做，就是拿出方案让你定夺。一个人如果经常问你应该怎么做，说明这个人不知道怎么做。连怎么做都不知道的人，又怎么能培养成优秀的人？一个人如果经常拿方案让你定夺，说明这个人

不是缺乏主见，就是不敢担当，那这个人当然就不值得培养。

中层以上的负责人如果工作电话多，说明他负责的工作出现的问题就多。他负责的工作问题多，不是他不善于谋划和安排事，就是他不会用人和安排人，说明他连当下的职务胜任都存在问题，这样的人当然就不能再提拔晋升。

7. 注意构建企业的多维竞争力

企业的竞争力不应该只是一个点，而应该是一张多点的网，即多维竞争力。只有这样，当企业的核心竞争力无法发挥作用时，还会有第二竞争力、第三竞争力来辅佐核心竞争力，使企业的核心竞争力重新发挥作用，从而确保企业的竞争优势。

企业负责人要明白，现代社会的竞争有两个方向：一个是深度，另一个是广度。深度即专业能力，广度即多维融合能力。广度支撑下的深度，决定一个企业能走多快；深度基础上的广度，决定一个企业能走多远。

8. 企业创始人要有合适的压力释放渠道

企业员工有问题可以找主管，主管有问题可以找老总。企业创始人是企业所有问题的最后一道关口，没有别人可以依靠，压力可想而知。企业创始人的压力如果不能及时释放，就可能导致创始人崩

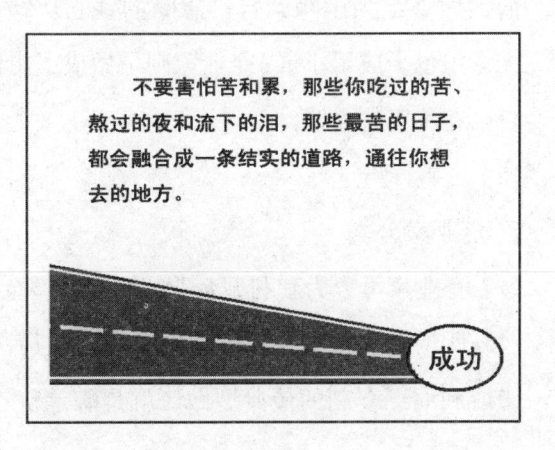

> 不要害怕苦和累，那些你吃过的苦、熬过的夜和流下的泪，那些最苦的日子，都会融合成一条结实的道路，通往你想去的地方。

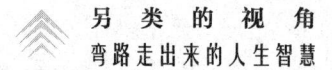

溃，企业崩盘。所以，企业创始人必须要有一个合适的压力释放方式和释放渠道，通过压力的释放和冷静思考，解决一个个问题，让企业渡过一个个难关。

对企业创始人来说，遭遇压力并不可怕，可怕的是没有减压和释放压力的方法与渠道。

五、企业家精神

1. 企业家和商人的区别

企业家以做成某件事情为目标，利润不过是做成这件事的一个结果。而对一般意义上的商人来说，利润才是目标，其他的都不过是获得利润的手段。

因为这种差别，导致企业家和一般意义上的商人行事风格有很大不同。企业家往往是一群现实的理想主义者，他们做事是有原则的，不会因为利润而牺牲原则；而一般意义上的商人则相反，只要能赚钱，就可以不讲原则。

从做事和赚钱的关系来看，企业家赚钱是为了做成自己想做的事，商人做事是为了赚到自己想赚的钱。从结果来看，商人赚到了小钱，无意中也干成了小事；企业家则是做成了想做的大事，无意中也赚到了自己花不完的大钱。

2. 企业家分类

企业家可分为套利型企业家和创新型企业家两类。

所谓套利，就是在市场中发现不均衡，然后通过改进资源配置来赚取利润。套利的最典型做法就是赚差价。从这个角度讲，套利型企业家与商人其实差别不大。

所谓创新，就是通过新技术开发、新产品生产、新服务提供和模式创新等手段，来实现自己的目标，并获得相应的利润。

套利型企业家是发现创新型企业家创造出来的不均衡，然后想办法使市场资源得到更好的配置，以此获得想要的利润，但他们并没有直接创造社会财富。

创新型企业家是创造不均衡，他们在优化市场资源配置的同时，还实实在在地创造了社会财富和社会价值，推动了社会和技术的进步。

所以，创新型企业家才是社会进步和发展的动力。

3. 企业家精神的内涵

（1）企业家精神是一种坚韧和坚韧背后的梦想与价值观。企业家精神就是一种坚韧，这种坚韧能使企业家从容地面对各种困难，即使遭遇绝境也能坚持下来。1997年，史玉柱带领的"巨人"倒下，负债2.5亿元。经过深刻反省后，史玉柱从头再来，从1998年的50万元起家创办脑白金，短短三年时间，创造了销售收入几十亿元的奇迹。

其实，每个成功的企业家背后都有一段辛酸的血泪史，企业家之所以能在血泪中坚韧不拔，是因为他们有梦想和价值观的力量支撑。一个伟大的企业，常常被模仿，但却很难被超越。为什么？因为

> 理念和价值观，是一个人最为坚韧和强大的力量。所以，理念和价值观的胜利，才是最让人敬仰和感动的胜利。

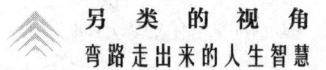

你看得见伟大企业的产品、服务甚至技术，却看不见伟大企业的文化、精神和价值观。

（2）企业家精神是一种没有尽头的创新。创新是企业家的灵魂。与一般经营者相比，创新是企业家最主要的特征。企业家的创新精神体现在企业家能发现一般人难以发现的机会，能利用一般人不能利用的资源，能想到一般人难以想到的问题解决办法。腾讯、谷歌和苹果公司不断地推出新技术、新产品和新服务，都是企业家创新精神的体现。

企业家为什么要不断创新？企业家创新的目的是获得核心竞争力。基于此，企业家会思考如何围绕自己的核心竞争力来构建商业模式，从而在市场上取得独特地位。企业家构建核心竞争力的目的，就是要让自己的企业获得市场的定价权，成为行业的引领者。

（3）企业家精神包含适当的冒险。如果去捡垃圾卖，会稳赚不赔；如果将钱存进国有银行，就会有稳定的收益，但即便是定期的存款，收益也非常少。也就是说，做事的收益与做事的风险成正比。难度很小、风险很小的事情，收益一定也很小。所以，对企业经营者来说，如果要获得大的收益，成为一名杰出的企业家，就要敢于适度冒险。

（4）对人性有深刻的领悟。企业的所有活动和所有经营，本质上都是与他人的交往和交易。所以，想做成伟大的企业，企业家就必须对人性有深刻的领悟。乔布斯、马云、马化腾都做到了这一点，所以他们都做成了伟大的企业。

对人性进行思考和领悟的，是行业引领者；对产品进行市场考察和调研的，是行业跟随者。

企业家对人性的领悟程度，决定了一个企业的层次和高度。

4.成长为大企业家的条件

如果一个人想成大事,赚大钱,成为大企业家,就必须先搞清楚怎样才能成大事,怎样才能赚大钱。

你之所以做不成大公司,赚不到大钱,是因为你还没搞清楚大公司是怎么做成的,没搞明白大钱是怎样赚来的,或者是虽然你明白了其中道理,但却没办法让自己具备这些条件。

要做成大公司和赚大钱,除了要有过人的智慧外,还必须同时满足以下三个条件:

一是你要有一定的影响力和号召力。只有当你拥有了一定的影响力和号召力,你才有能力吸引一批人与你共事,你的队伍才会越来越大,各种资源才会源源不断地汇集到你这里。

二是你得有一定的资源和人脉。做事的过程不可能一帆风顺,会遇到各种各样的困难,而解决这些困难是需要别人的帮助和支持的。你能得到多少支持和帮助,取决于你拥有多少资源和人脉。

三是你得有一定量的资金。没钱什么事也做不成,没有一定量的资金,你的第一和第二个条件再优越,也很难发挥作用。

所以,智慧+影响力+资源+资金=成功+赚大钱。当你满足了这些条件后,你就会发现,做事其实很简单,赚钱其实也很容易。不明白这个道理,或者无法满足这些条件,那你就只能做点小事和赚点小钱,甚至连小事也做不好,辛苦钱也赚不到。

六、创业感悟

(1)有技术和项目,不一定就会有资源、资金和人才。相反,有资源和资金,就一定会有技术、项目和人才。有技术和项目,最终没有成功的例子比比皆是；有资源和资金，最终没有成功的情况少之又少。

（2）企业最重要的资产不是固定资产，也不是专利和技术这些无形资产。企业最重要的资产是企业的人才和团队，尤其是企业负责人的智慧、资源、影响力和号召力。

（3）一个企业负责人，如果不能快速提高和积累自己的智慧、影响力和人脉资源，就等于始终是在贫瘠的土地上播种经营，过程肯定是辛劳，结果肯定是薄收。一个企业负责人如果能快速提升和积累自己的智慧、影响力和人脉资源，那就是将贫瘠的土地改良成了肥沃的土壤，就是在肥沃的土地上耕作，过程自然轻松，结果自然是丰收。

（4）做事的过程实际上是一个读心的过程，只有读对了事情相关人的想法和心态，才可能研究出正确的策略和方案，而采取的策略和方案正确，实施时才可能达到预期的目标和效果。而读对人的关键，就是要站在这个人的角度思考问题。

（5）企业负责人要学会"睁大双眼""紧闭双眼"和"睁一只眼闭一只眼"。"睁大双眼"，就是要发现人才和发现问题；"紧闭双眼"，就是不插手已经授权的事情；"睁一只眼闭一只眼"，就是要看到下属和员工的错误，防止风险和问题的出现，但又要明白有些错误并不需要追究。

（6）"物以类聚，人以群分"是一个普遍规律。这个规律暗示：一个人成了什么，他才能遇到什么；一个人只有具备了成为贵人的条件，他才会遇到能够帮助自己的贵人。这世上，很多人都在苦苦找寻自己的贵人，却往往忽略了他们自己。他们不明白，这世上从来就没什么贵人，任何人的贵人其实都是他自己。

（7）一般来讲，团队成员的利益关联度越大，团队的凝聚力和战斗力就越强。所以，初创团队最好是股东层面的关系，否则就很难成功。老板要知道这样一个道理，那就是人之所以会操心，是因为这件事和自己有关系。所以，在还没有产生利润前，初创公司如果要增加人手，最好先增加股东，后增加员工。

> 企业负责人遇到问题时，要先冷静，后思考，再决策；没遇到问题时，要多思考，后决策，再行动。

（8）企业做的事情，可以是一件事情的改进，也可以是全新的事情，但这些事情应该是螺旋式上升的，而不是保持在同一层级。企业的螺旋式上升，表现在层次提升和体量增大这两个方面。如果企业不能做到螺旋式上升，那就不是在发展，就不是在前进。

（9）亚马逊公司亏损了20年，2015年开始盈利时，公司市值排在美国上市公司的第三名。这说明，不赚钱或烧钱不要紧，要紧的是你要离你的目标越来越近，而不是越来越远。

（10）别人帮助你，是因为你值得帮助；别人投资你，是因为你值得投资。而这种值得，就是你自身的生命力，就是你自身的成长和进步，就是在别人看来你可以达到预期的目的。所以，只是期待别人的帮助，往往得不到帮助，不祈求别人的支持而专注于自身的发展，反而会得到源源不断的支持。

（11）创业企业都会进行股权融资，但股权不能只用来融资。股权融资有三大功能，分别是融钱、融人和融市场。如果股权只是用来融钱，那公司融钱就会难以为继，公司就不会有好的发展，最终就会死掉。

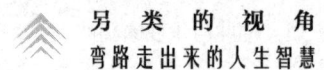

（12）在发展到成熟阶段以前，公司的实际话语权和决策权是与个人的贡献大小成正比的，公司的实际控制权是掌握在贡献最大的人手里的。公司发展到成熟阶段后，话语权和决策权才会回归股权，因为那个时候，公司离开谁都不会出大的问题。

第四章

从平凡到卓越

> **导　语**
>
> 世上没有一蹴而就的事情，所有成功都是不断积累的结果。什么是积累？积累就是尽力把每一件小事做好。把一件小事做好，是小事；把一百件小事做好，就是大事；把一千件小事做好，就是传奇，就是卓越。一个平凡的人是变为卓越，还是沦为平庸，取决于这个人是否努力和努力到什么程度。一般来说，一个人只要在一个领域投入足够的时间和精力，只要足够努力，都能够达到卓越的程度。

　　社会是有阶层之分的，社会中的每个人都属于一个特定的阶层，虽然这个阶层的结构始终都在动态变化。

　　从人的生活状况看，人可以分为贫困、温饱、小康和富裕四个阶层；从人的能力表现看，人又可以分为愚蠢、平庸、平凡、优秀和卓越五个层次。一般来讲，一个人表现出来的能力层次与其所处的社会阶层是相对应的。即优秀和卓越的人，大多会比较富裕，而愚蠢和平庸的人，一般会比较贫困。

一、优秀与平凡的差别

优秀的人，在社会中起着带头和引领作用，比较耀眼，是社会各组织的骨干。平凡的人，在社会中处于被安排和被要求的状态，在人群中不起眼，是螺丝钉的角色。优秀的人，无论环境多舒适、条件多优越，都会对自己有所要求，时刻保持一种自律。在短时间内，这种自律所带来的变化微乎其微，但假以时日，就能让自己与周围人拉开长长的距离，收获一份惊喜。

平凡的人犯错相对较多，他们更多的是从错误中学东西，即所谓的"吃一堑，长一智"，获得知识和明白道理的代价大。平凡的人之所以犯错较多，是因为他们学习和思考不够，他们做事和处理问题主要是靠经验和凭感觉。优秀的人则恰恰相反，他们做事和处理问题靠的是分析和思考，经验和感觉占比很低。

就企业员工而言，优秀和平凡的差别主要表现在以下四个方面：

第一，刚入职时的心态不同。刚入职时，普通员工更看重工资的高低，薪酬权重占80%，学习权重占20%。在一无所长的情况下，脑子里想的是高工资，忽视了学习职业技能和丰富工作经验的重要价值。优秀员工则更看重业务技能的学习和工作经验的积累，他们相信只要有娴熟的技能和丰富的经验，以后无论到哪里都能拿到高工资，他们80%的权重是学习，20%的权重是薪酬。

第二，对待问题的态度不同。工作中遇到问题时，普通员工往往是逃避和抱怨，而不是想办法解决。优秀员工在工作中碰到问题时会冷静分析，找到问题所在，通过各种方式解决问题。

第三，执行效果不同。对上司交办的工作，普通员工是能做就做，不能做就慢慢磨，搞不清工作的重点和核心，执行效果差。优秀员工会积极想办法落实上司交办的事情，知道抓主要问题，遇到问题会及时与上司沟通，执行效果好。

第四，下班后所为不同。普通员工下班后往往是看电视和玩游戏消磨时光。优秀员工下班后会抽时间学习，回顾一天的工作，反思不足之处，并做好第二天的工作安排。

二、平凡与平庸的差别

平凡与平庸，既有相同之处，也有本质差别。相同之处在于两者都平平常常、普普通通。本质差别在于，平凡侧重于工作的岗位，平庸侧重于工作的态度。平凡指一个人在普普通通的岗位上兢兢业业工作，平庸则是消极颓废、没有追求和随波逐流。平凡者为社会做出了实实在在的贡献，就像一台机器上的一个小部件，是整台机器不可或缺的一部分。而平庸者则对社会没有实质性贡献，可有可无。

平凡不是平庸。我们可以无惊世之举，可以功不成名不就，也可以无过人之才，但不可以没目标，不可以不知道为什么而活，不可以浑浑噩噩地混时度日。

怀揣梦想，心有目标，是人活着的意义所在。也正因为此，我们绝大多数人终生奔跑在通往梦想的道路上。我们中间的许多人，可能穷尽一生也未能得志，也许不管我们怎么努力，也不能像马云那样成功，不可能像比尔·盖茨那样伟大，甚至连一般的名人都无法成为。但不要紧，因为努力和奔跑的过程本身就是一种享受，在平凡的生活中努力创造平凡生命的不平凡，本身就是一种伟大。

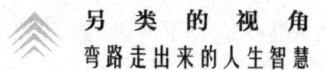

按理来说,平庸的人应更加努力,但现实却恰恰相反。社会现实是,越是优秀越努力,越是平庸越懒惰。产生"越是优秀越努力,越是平庸越懒惰"这一现象的症结在于,优秀的人,看到的是自己的不足和那些比自己更加优秀的优秀者;平庸的人,看到的则是自己的长处和那些比自己更加平庸的平庸者。一个人,选用的参照系不同,动力和状态就相差很远。

三、平凡沦为平庸的四种最常见原因

1. 差不多就好的心态

所有的平庸都是自我设限的结果,而差不多就好的心态,就是最典型的一种自我设限。所谓自我设限,就是在自己的心里默认了一个高度,这个心理高度常常暗示自己,这件事情肯定没办法做好,做到差不多就行了。这种心理暗示虽然可以避免因失败而遭受的挫败,但也剥夺了一个人往上再走一步的成长机会。经常性的自我设限会导致无法发挥自身潜力,从而沦为平庸者。

20世纪初,美国"智商之父"特尔曼和他的助手从25万名儿童中挑选了1528名最聪明的孩子,对他们进行长期的观察和跟踪研究。研究发现,成为成功人士和社会精英的那部分孩子,都具有坚韧不拔的意志力和追求卓越的坚定愿望。而那些沦为

乔布斯曾说:"只有那些疯狂到以为自己能够改变世界的人,才能真正地改变世界。"所以,别总说自己不行,说多了,自己就真的不行了。

平庸和失败者的孩子，都缺乏追求目标的毅力。调查结果显示，失败者几乎都存在意志薄弱、骄傲自满和没有积极进取精神等问题，是这些非智力因素导致了这些天才儿童的落伍和失败。可见，如果缺乏追求目标的毅力和积极进取的精神，即便是天才儿童，也会沦为平庸者。

2. 顺其自然的态度

一个人，如果怀有顺其自然的态度，做事就不会竭尽全力，做事的成效就会差很多，结果就是沦为平庸。

很多人喜欢拿"顺其自然"来敷衍人生道路上的坎坷。他们不知道，真正的顺其自然，是竭尽所能之后的不强求，是正确面对努力过后的结果；真正的顺其自然，是尽全力去做每一件事，用平常心对待每一个结果。

当然，平庸之人也会为自己的平庸找寻理由，他们会把自己的平庸归结于没遇上伯乐，是怀才不遇的结果。但他们不知道，其实不存在什么怀才不遇，因为怀才与怀孕一样，只要有了，早晚会被人发现。有人怀才不遇，是因为他怀得太小，怀得不够大，或者根本就没有怀。

三国时的曹操有一次接见匈奴使者，因为觉得自己身材矮小、貌不出众，就让高大帅气的崔季珪冒充自己，曹操本人则提着一把刀站在旁边。

匈奴使者要回去时，曹操让间谍问使者："你看魏王怎么样？"

使者回答："大王容貌端庄、举止文雅，但站在一边、提刀的那个人是个英雄。"

这个故事说明，只要你真的有光芒，想不被别人发现都难。

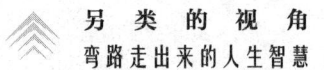

3. 经常性抱怨

我们中间的不少人总喜欢抱怨自己的不如意，这些人不是从自身找原因，而是一味地抱怨周围环境和周围的人。但好多年过去，这些喜欢抱怨的人，并没有因为他们不停地抱怨而使自己的生活有了起色或有所改变，反而陷入了"越抱怨，越平庸；越平庸，越抱怨"的恶性循环。而有一类人，他们不是抱怨，而是一直默默地付出和努力，最终如愿以偿地实现了梦想。

喜欢抱怨的人，总觉得别人不行，只有自己行，总认为这个世界对自己太不公平。他们不知道，这个世界如果真的优待了眼高手低且不愿意努力的自己，那才是真正的不公平。喜欢抱怨的人，总认为是别人和环境的原因，才导致厉害的自己遭受了今天的不如意。他们不知道，真正厉害的人，从来都不会轻易说自己厉害；真正厉害的人，是那些总认为自己不够厉害而一直拼命努力和学习的人。

绝对逆转定律

如果自己认为别人都不对，那原因很可能是自己不对；如果自己觉得别人都不行，那原因很可能是自己不行；如果自己认为别人都是傻瓜，那很可能自己傻到了家。也就是说，非自然规律基础上的东西，一旦接近或到达了绝对，那往往是绝对的东西有问题。

抱怨的本质是没能正确认识自己，没能正确认识环境，没能正确认识周围的人。而一个不能正确认识自己、环境和周围人的人，是不可能有所作为的。所以，一个人开始抱怨之时，便是他走向平庸之始。

4. 喜欢与平庸之人在一起或者愿意接受平庸的环境

"近朱者赤，近墨者黑"，人是容易受周围人和周围环境影响的。平庸之人的圈子思想贫瘠，目光短浅。如果进入了这样的圈子，就会被这个圈子里的人影响，自己的世界就会变小，就会被他们拉到和他们一样的高度。

周围环境对人也有类似的作用，一个优秀的年轻人如果进入了一所平庸的高校，那他在这个平庸的环境里就会不由自主地降低自己的要求和标准，以适应这个环境和减少自身与环境的冲突，而这样做的结果就是变得平庸。

所以，一个人如果开始喜欢和平庸的人在一起，或者愿意接受平庸的环境，那他就开始变得平庸了。

四、从平凡上升到卓越的条件

衡量一个人卓越与否的标准，就是看他是否在一个领域做出了一般人难以做出的成绩，或者是把一件事做到了普通人难以望其项背的程度。从平凡到卓越是一个由量变到质变的过程。平凡经过积极的积累，就会变成优秀，优秀再经过积极的积累，就会成为卓越。那么，一个人如何实现从平凡到优秀再到卓越的升华呢？

1. 不随波逐流，敢打破现状

有些人，过了一辈子，但过得有变化的其实没几天，因为他们在这几天以外的时间都是在重复生活。也有一些人敢于打破现状，不随波逐流，由于不断折腾而活出了滋味，活出了色彩。所以，要活得滋润，就不能随波逐流，必须打破现状，让生活拐一个弯，改变自己那些习以为常的想法，将自己从曾经的习惯中解脱出来。

一个人如果因满足现状而安于现状，那结果很可能就是连现状都维持不了。小张在公司待了六年，没有很大的工作压力，每天都按部就班，得过且过。六年里，小张除了因工龄变长而上涨了一点工资外，其他的什么都没变。第七个年头，公司政策调整，小张的名字出现在了淘汰员工的名单里。小张质问经理："为什么辞掉我？"经理说："跟二十几岁的年轻人相比，除了年龄大，你还有什么优势？"

所以，安于现状的结果往往是无法安于现状。因为在这个别人都努力前进的社会里，你原地踏步，结果自然是变得落后。

当然，一旦打破现状，就会面临未知和不确定，人就会变得焦虑和担心，因而人们往往会下意识地把打破现状想得很难，即便它其实根本不难。而千篇一律则容易很多，因为它只要你随波逐流，不要你费力辛苦。这也是大多数人选择墨守成规，过着千篇一律生活的原因。

实际上，生活从来都不容易，如果你觉得自己活得容易，那不是你的生活质量很差，就是有人在替你承担着属于你的那份不易。但要知道，不管是什么人，都只能为你承担一时，不能为你承担一世。生活的不易终将要你自己承担，而你自己承担不易的时间越晚，你承担不易的能力就越弱，付出的代价就越大，承担不易时的生活质量就越差。

其实，没有人一开始就知道如何取得成功，如何变得伟大。通向成功的道路从来就不是在最初就完全成型的，它是在做的过程中才逐渐变得清晰的。所以，不要因为还不清楚从现在到梦想之间的路怎么走，就干脆不走了。有了梦想之后，你唯一要做的，就是行动。

2. 多接近优秀的人，进入优秀人的圈子

一个人亲密好友的平均水平，往往就是这个人的水平。基于此，美国商业哲学家 Jim Rohn 曾经提出著名的密友五次元理论。该理论认为，一个人的财富和智慧，就是与他亲密交往的五个朋友财富和智慧的平均水平。

交什么样的朋友，就会成为什么样的人。与优秀的人在一起，会促使你有一天也变得优秀。因为处在优秀的圈子里，你会被环境感染，会逼迫自己努力和奋斗，使自己真正融入优秀的圈子。而一旦你真正融入了优秀的圈子，你自然就成了一个优秀的人。这就是家长千方百计把孩子送到一个好环境中学习成长的原因。

所以，要想有所作为，就要远离平庸的人，多接近优秀的人。

3. 保持积极心态，不断提高对自身的要求

成功学大师拿破仑·希尔说过："积极的心态，就是心灵的健康和营养。积极的心灵，能吸引财富、成功、快乐和身体的健康。消极的心态，却是心灵的疾病和垃圾，这样的心灵，不仅排斥财富、成功、快乐和健康，甚至会夺走生活中已有的一切。"所以，不管什么时候，一个人都要保持积极的心态，对自己有信心。要知道，有信心不一定能成功，但没信心一定没希望。

在保持良好心态的同时，还要不断提高对自己的要求，挖掘自身潜力，提升自己能力。要知道，一个人如果做每件事时都定了一个较低的目标，由于完成这个目标比较容易，人就容易满足，久而久之，就会因满足于这种低目标和低层次的快感而阻碍自己成长。所以，要想卓越，就要不断提高要求，不断拔高标准。

不断提高对自身的要求，不仅是对自己好，也是对自己的孩子

好，因为只有让自己达到了一定高度，才能帮助孩子迈上更高的台阶。有些家长自己不好好去做，对自己要求不高，对孩子却高标准要求，总是期盼和教导孩子要成为成功人士。这些家长不知道，那些成功人士的父母，没几个是像自己这样的人，没几个是一点忙都帮不上自己孩子的家长。这些家长不明白，"望子成龙，望女成凤"没有错，但问题是，如果家长只能给自己孩子一个鸡窝，又如何指望孩子变成凤凰？例外总是极少的。

4. 勤于学习，爱岗敬业

要想优秀和卓越，就要善于学习，勤于思考。学习和思考是明事理、长智慧、增才干的唯一途径。工作中不管任务多么艰难，只要勤于学习和思考，积极主动想办法，就一定能把工作做好。

爱岗敬业是实现个人价值的基本前提，一个人要想在职场上大放异彩，就必须有持之以恒、滴水穿石的精神。例如，只有初中学历的张忠是一个爱岗敬业的典范，12年的勤学和32年的苦练，使他从一个普通的电焊工变成了人们公认的"焊接大师"，成为"中国制造2025"的"大国工匠"，实现了由平凡向卓越的人生跨越。张忠的经历说明，一个人只有走上了和别人不一样的路，才能看到和别人不一样的风景。

一般来说，一个人要在一件事情上做得比别人好，要在一个领域里成为专家，要让自己在人群中脱颖而出，那他认认真真做这件事情的时间就要比别人长，他对这件事情的思考就要比别人多、比别人透彻。

世上不会有这样的事，那就是你做一件事情的时间比别人短很多，你思考一件事情的程度比别人差很远，你却是这件事情或这个领域的专家和王者。

在这个社会里,你比别人做得好的唯一办法,就是你要比别人更扎实地去做,比别人更透彻地去想。

5. 竭尽全力,进入马太效应的良性循环

一个人做事时如果投入的精力不够,就可能导致所做的事情失败。而失败是会影响人的自信的,连续的失败则会使人丧失信心,甚至放任堕落。所以,不管是做什么事,都要竭尽全力,确保成功。要知道,胜利会增强一个人的信心,能增长一个人的资源,增加再次获胜的可能性,使自己进入马太效应的良性循环。

一个人进入马太效应良性循环的最好办法,就是让自己变得优秀,以此让自己吸引更多资源,拥有更多人脉。但很多时候,一谈到人脉,我们想到的只是去结识更多的人,而忽视了把自己变得优秀。直到自己需要使用人脉的时候才发现,原来我们想尽办法结交的那些朋友,不过是存在手机里的联系人,根本不是什么有价值的人脉。造成这种现象的原因,是我们不知道什么是人脉。

什么是人脉?人脉不是自己认识了多少人,而是有多少人认可自己。人脉的基础是自己的"被利用价值",自己的价值越大,就越有人脉。所以,获得人脉的最好办法,不是去到处结交人,而是把自己变得优秀,让别人来结交自己。

6. 注重积累,做好每一件小事

所有的一鸣惊人,都应该是默默无闻不断积累的结果。所有没有积累的一鸣惊人,都是昙花一现,大多也会以坏的一鸣惊人的方式迅速结束。所以,太快不见得就是好事,因为太快意味着没有厚实的基础,会很难持续。那些一夜之间崛起或一夜之间倒闭的企业,绝非卓越。

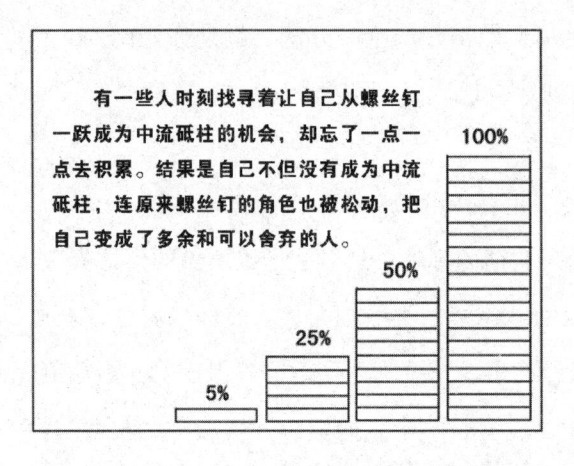

> 有一些人时刻找寻着让自己从螺丝钉一跃成为中流砥柱的机会，却忘了一点一点去积累。结果是自己不但没有成为中流砥柱，连原来螺丝钉的角色也被松动，把自己变成了多余和可以舍弃的人。

卓越的企业不会有命悬一线和石破天惊，有的只是平静、坚韧和持续的改善。

世上没有一蹴而就的事情，所有成功都是不断积累的结果。很多时候，我们太想快点达到目标，太急于求成，反而导致我们达不到自己的目标。例如，我们很多人从幼儿园就开始学英语，到了大学四年级，已经学了16年。如果我们注重积累，按每天掌握一个英语单词计算，16年就会熟练掌握5000多个英语单词，就会有很高的英语水平。但实际上，我们很多人到了大学毕业时，英语仍然很差，为什么？因为我们不注重积累。

什么是积累？积累，就是尽力把每一件小事做好。把一件小事做好是小事，把一百件小事做好就是大事，把一千件小事做好就是传奇，就是卓越。

7. 不自我设限，有大格局

格局，就是一个人的眼光、胸襟和胆识等心理要素的内在布局。一个人发展所受的限制，其实就是格局太小造成的局限。一个家庭妇女买了一件衣服，却发现买同样的衣服别人比她少花了50元钱，于是就耿耿于怀好几天。这时，这个妇女的格局就只值50元钱了。

要成为大树，就不要和草去比。短期来看，草的生长速度确实比树要快，但几年后，草换了几拨，树却依旧是树。所以，这个世界只有古树和大树,却没有古草和大草。做人和做事,重要的不是一时的快慢,而是持久的发展力。

五、天赋与卓越的关系

一个人的天赋,能在很大程度上助推一个人成为王者、伟人和超级牛人。但这并不表示没有好的天赋,就不能成为王者和牛人。一个天赋不怎么样的人,只要愿意比天赋好的人努力,就完全可以超越那些天赋比自己好很多的人,达到卓越的层次。

努力和付出是通向卓越的唯一路径。世上所有大师级的国际象棋棋手,都花了至少 10 年的时间在国际象棋上面,无一例外。心理学家约翰·海斯研究了 76 位著名的古典音乐作曲家,发现除了肖斯塔科维奇和帕格尼花了 9 年时间,以及埃里克·萨蒂仅用了 8 年时间外,其他所有的著名古典作曲家,在写出自己最优秀的作品之前,都至少花了 10 年时间谱曲。

古往今来,天赋平常的人成为王者和巨人的事例很多。曾国藩其实是一个智商比较普通的人,他文不算高超,武不能挡敌,甚至最初他领军的几次大战都以惨败收尾,三次被敌人追杀而命悬一线,都是靠部下或友军搏命相救。然而,他并不放弃,在大困境中一步步艰难前行,从儒学、法学,到道家,以至于最后的

> 对一个人来说,能抓住希望的只有自己,能放弃希望的也只有自己。人,无论成败,都有理由为自己喝彩。跌倒了,失败了,不要紧,爬起来继续风雨兼程。只要心中有岸,就会有渡口,就会有船只,就一定会抵达对岸。

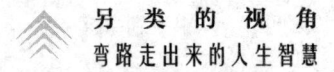

各家融通，知行合一，成为晚清第一能臣。

又如，马云连重点初中和重点高中都没能考上，上中学用了7年时间，而别人只用了5年。考大学失败了3次，最后也只是考上了一所再普通不过的高校。创办阿里巴巴初期，见了超过30个投资人，没有一个人愿意给他投资。马云把每一次的失败，每一次的被别人拒绝，都当作一种磨炼。马云说，自己犯了那么多错误，是错误让他变得与众不同。

第五章

市场的逻辑与价值的规律

> **导　语**
>
> 　　竞争，是社会发展和具有活力的根源，但所有竞争都必须在合理的规则下有序进行，否则竞争就不可持续，就会形成强制性垄断。而社会上一旦形成了强制性垄断，就会助长无知和无耻，给社会带来灾难。在市场经济中，人们乐于为他人创造价值的原因不是无私，而是为了自身的欲望满足和名利追逐。法制、自由和欲望的有机结合，成就了市场经济，促成了利人、利己和社会进步三个目标的同步实现。

　　市场的逻辑，就是在规则的限制下，人们只能通过竞争为他人创造价值和服务来满足自己的欲望。市场的逻辑，就是市场经济的本质规律，就是好坏由别人说了算，不是自己说了算。市场经济是人类的伟大发明，是保障人类进步的最好体制。市场经济的基本逻辑是：如果一个人要得到满足，就必须先满足别人；生产者要获得利润，就必须为消费者提供满意的服务和产品，为消费者创造价值。更通俗地讲，市场经济的逻辑就是利己必须先利人。

一、市场经济的五个特点

1. 市场对资源配置起决定性作用

在市场经济中,市场配置资源是通过价格或者利润率的变化来实现的。当一种产品或服务的利润率高时,就会驱使更多人来生产这种产品或提供这种服务,这种产品或服务的供应量就会增加,销售价格就会下降,利润率就会下滑。当利润率下滑到一定程度时,又会导致一部分人放弃这种产品的生产或这种服务的提供,这种产品或服务的供应量就会减少,销售价格就会上升,利润率就会提高。如此反复,实现了资源的市场配置。

2. 市场经济具有强大的财富创造速度和财富创造能力

市场经济的竞争,本质上是为他人创造价值的竞争。不能为他人创造价值的企业,在竞争中会被淘汰。市场利用价格杠杆和自由竞争,调动生产者和经营者的积极性,推动科学技术的进步和劳动生产率的提高。

经济学家张维迎教授在其有关市场经济的演讲中指出,根据美国伯克利大学经济学家德隆的研究,人类从250万年前至今,在99.99%的时间里,人均GDP基本没什么变化。人类97%的财富,是在过去250年,也就是人类250万年的0.01%的时间里创造的。在250年前,人们能够消费的商品种类只有上百种而已,而如今,人们能消费的产品种类已达上亿种。

市场经济之所以具有强大的财富创造速度和财富创造能力,是因为市场经济能充分调动人的积极性,实现了资源的有效配置和高效利用;是因为市场经济将有能力和有智慧的人,从原来分配和抢夺财富的位置上拉了下来,把他们逼成了创造社会财富的领头人。

市场经济,就是在充分了解和尊重人性的基础上,将人的欲望转化为财富和价值创造动力的一种体制。

3. 市场经济的要素是法治、自由和欲望

没有法制、自由和欲望,就没有市场经济。市场经济的成功,是法治、自由和欲望共同作用的结果。

法治就是保障人们合法的有形和无形财富及利益不受侵犯。没有公平合理的法治保障,财富和名利就可能随时被剥夺或抢走,人们追求和创造财富的积极性就会大大降低,社会就会变得贫穷。

自由就是在不危害他人、不危害社会的前提下,人们可以随心所欲地做自己想做的事情。没有选择自由,市场就会扭曲,市场的资源配置作用就会失效。

有了法治和自由这两个要素后,还无法形成市场经济。要形成市场经济,还需要第三个要素,这就是人的欲望。

人人都有欲望,这决定了每个人都会千方百计地满足自己的欲望。在不允许通过强抢和强占等非法手段满足自己欲望的法治社会中,人们要满足自己的欲望,就只能通过交换、通过为他人提供更好的产品和服务来实现,从而形成市场经济。

所以,在市场经济中,人们乐于为他人创造价值的原因不是无私,

而是为了自身的欲望满足和名利追逐。法制、自由和欲望的有机结合，促成了市场经济，保障了利人、利己和社会进步三个目标的同步实现。

4. 市场经济受益最大的是普通人和能力相对较弱的人

市场经济是一个全民受益的经济体制，但受益最大的不是能人，而是普通人和能力相对较弱的人。为什么这么说？因为市场经济中的能人都是比较优秀和有智慧的人，如果不是市场经济的法治约束，他们完全可以通过非法手段来获取名利，不会像市场经济中那样辛苦。而普通人和能力相对较弱的人，如果没有这些能人的领导，则会过得比较辛苦，甚至连温饱都难以解决。

在市场经济下，有能力的人雇用他人为自己做事，在承担风险的同时，也获得了丰厚的回报。而能力较弱的普通人，也因愿意被他人雇用而过上了比不被雇用更好的生活。

市场经济将优秀和有能力的人逼成了创造财富的领头人，从而加快了社会财富的创造速度，增加了社会财富的品种，提升了社会的整体生活水准。所以，能力强和能力弱的人，富人、普通人和相对较穷的人，是互补和互为彼此财富的。任何仇富和不尊重穷人的行为，都不利于社会的财富创造，都不利于社会的进步和发展。

5. 市场经济不存在长时间的暴利和亏损行业

在市场经济环境下，当一个行业有高额利润率时，就会吸引社会资源向这个行业流动，而随着资源的不断流入，行业供应量就会增加，利润率就会下滑。当行业利润率下滑到低于社会行业平均利润率时，又会导致资源从该行业流出，行业供应量就会减少，利润率就会上升。

当利润率上升到一定程度时，又会吸引资源进入该行业。如此反复，导致市场经济中不会有长时间的暴利和亏损行业。

二、市场竞争形成的行业垄断并不可怕

不少人对自由市场形成的行业垄断持反对态度，认为一旦形成了垄断，就会严重损害消费者的利益，就会阻碍社会的进步和发展。这种看法表面上很有道理，但事实上却并非如此。强制性的垄断是可怕的，因为在强制性垄断的面前，人们没有选择的自由。但通过市场竞争形成的垄断则不一样，这种垄断并不可怕，甚至还是好事，原因有以下四点：

第一，强制性的垄断是不允许竞争的100%绝对垄断，但市场经济形成的垄断不可能是100%的垄断，因为市场的竞争随时存在。这就是为什么我们能看到100%的行政垄断，却看不到有企业完全占领某个行业市场的绝对垄断。所以，竞争形成的垄断只能是相对垄断，不会是绝对垄断。

第二，一个企业要想获得垄断地位，就需要给消费者让利和为消费者提供更好、更优的产品和服务。所以，垄断的形成过程，就是消费者获得实惠的过程。另外，随着企业市场占有率的不断提升，企业生产规模不断扩大，生产成本逐步下降，社会生产率就会逐步提高。所以，垄断的形成过程也是社会生产率逐步提高的过程，对社会发展是有利的。

第三，不少人担心，一旦形成了垄断，企业就可以把价格定得很高来牟取暴利，损害消费者的利益。实际上，这种情况不会出现，即便出现，也不会长久。因为竞争形成的垄断不可能是绝对垄断，如果

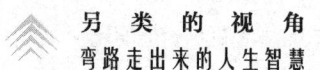

把价格定得很高，消费者就会选择别的企业进行消费。同时，因为有暴利，就会吸引其他企业进入这个行业，形成新的竞争。所以，垄断形成后，企业不可能通过大幅度的涨价来牟取暴利。

第四，垄断意味着市场的高度集中，这时，只要出现一种能取代垄断市场旧技术的新技术，就可以轻松地将高度集中的市场据为己有，从而获取巨大的利益。所以，垄断更能激发个人和其他企业在该领域的技术创新。因此，从某种角度讲，企业垄断的形成过程也是一个自我毁灭过程。曾经在胶片市场高度垄断的柯达，几年间就因新技术的出现而倒闭，充分说明了这一点。

三、市场经济环境下的贫富差距

1. 适当的贫富差距是市场经济发挥作用的必要条件

如果能力强的人和能力弱的人收入一样多，有本事的人和没本事的人收益一样大，那就无法调动有能力和有本事人的积极性，就无法形成市场经济。可见，适当的贫富差距是市场经济发挥作用的必要条件。

市场经济中的贫富差距，主要是由个人能力差异、资本拥有差异和技术垄断三个原因造成的。资本拥有差异是指个人拥有的资本不一样，而资本是有价值的，是能带来收益的。需要指出的是，资本并非只是资金，还包括智慧、人脉，甚至长相等。技术垄断是指知识

产权保护造成的短期垄断，这种保护是必需的，因为保护了新技术带来的收益，就保护了人们的创新积极性，也就保护了社会发展的动力。一个社会，如果一味强调缩小贫富差距，甚至是均富，那结果只能是集体贫穷。

2. 人性决定了市场经济造成的差距不可能无限扩大

市场经济的本质，就是人们通过竞争为他人创造价值以获取利益。虽然能力和资源等差异会导致人们的收入不同，但这种以充分竞争为根本的市场经济体制，具有自发的公平性，很难无限制地拉大贫富差距。相关研究表明，如果以基尼系数来衡量收入差距，则市场经济发展最好的地区，收入差距是最小的。这个结果充分印证了市场经济造成的贫富差距是可控的。

另外，当一个人的财富达到一定程度时，人的追求和欲望就会提升到一个更高的层次，而高层次的欲望满足只能通过为社会做贡献、更多地帮助他人来实现。这样，富人的高层次欲望满足过程，就变成了富人财富回归社会和流向穷人的过程，这也抑制了社会贫富差距的无限扩大。

四、价值规律的两种理论

1. 价值的劳动决定理论

价值的劳动决定理论认为，商品的价值是由凝结在商品中的无差别人类劳动决定的，商品的价值取决于生产过程中劳动量的投入大小，与人的主观感觉或好恶没有关系。

这一理论与现实情况相差甚远，因为在现实社会中，耗费社会必

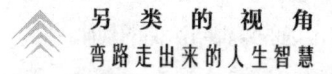

要劳动时间少的商品价格高于耗费社会必要劳动时间多的商品价格的现象比比皆是，这种理论能解释的社会现象非常少。

2. 价值的供求关系理论

价值的供求关系理论认为，价值是由商品或劳务所能带给购买人的效用决定的。买方根据商品能带给自己的效用，确定自己愿意支付的最高价格，无数个潜在买方形成无数个最高价格，从而形成商品的需求曲线。商品需求曲线和供给曲线的交汇点所代表的价格，即该商品的市场均衡价格。也就是说，该理论认为价格是由供求关系决定的。换句话说，一个商品、一个物体、一个无形的东西，它有没有价值，价值是多少，要看有没有人需要，需要的人愿意出多少钱，与劳动时间没有关系。

这种有需求就有价值的逻辑，导致很多无形、天然以及与生俱来的东西，都具有实实在在的价值，甚至很高的价值。这种理论与现实是相符的，它能解释现实社会中的各种交易和现象，具有普遍的实践指导作用。

五、市场供给的三种类型

从供给对供求关系的影响层面，可将市场供给分为三种层次：

第一种类型的供给是供给方提供的产品和服务与现有市场上的产品和服务没什么区别。在这种情况下，这种供给不会引起需求量的增加，不会对供求关系产生影响。即便因为降价会在一定程度上增加这种产品和服务的购买量，但也不是真正意义上的需求量增加。

第二种类型的供给是供给方通过改良性创新提供比现有市场更好

的产品或服务。这种层次的供给会引起一定程度的需求量增加，对供求关系会产生一定影响。

第三种类型的供给是供给方通过革命性创新提供了市场上没有的产品或服务，将原来潜在的需求或者是消费者自己都不明白的需求激发出来，创造出一种新的供求关系。做好这种供给不需要做市场调研，但要求企业家对人性，至少是人性的某些方面有深刻的领悟。

六、市场经济中供求关系的七种表现

1. 供大于求中有供不应求

在市场经济中，供大于求的领域里会有供不应求的情况，供不应求的行业中也会有局部的供大于求，即大供求关系中有小供求关系。这种情况在客户不是终端消费者的领域相对较少。所谓不是终端消费者的领域，是指生产的产品供给的是生产厂家，而非终端消费者。

大供求关系中有小供求关系的现象，在产品是面向终端消费者的领域很常见。例如，手机市场是一个供大于求的市场，好多厂家生产的手机都卖不出去，但是苹果、三星、华为等手机的销售却不存在什么问题，即在一个供大于求的行业中也会出现局部的供不应求现象。

所以，不要觉得一个行业过剩了，就不去涉足了。只要你生产的产品能得到消费者的认可，你的产品就可以成为供大于求中的供不应求。

2. 面向终端与非终端消费者的产品的定价机制存在差异

对于非终端产品，由于产品不是面向广大消费者，所以品牌难以发挥作用。因此，不同厂家生产的相同类型产品的销售价格，很难有

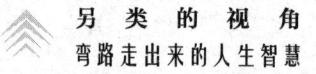

较大的差异。例如，品质相同但生产厂家不同的电解金属铜的销售价格相差很小。这类产品生产商要获得更高的利润率，就只有走降低生产成本这个路子。

而面向广大消费者的终端产品则不同，品牌可以发挥很大的作用，企业可以通过品牌的影响力，制定一个比同类产品高很多的销售价格。例如，相同功能的智能手机，有的厂家只卖几百元，苹果公司却卖几千元，而且卖得不错。

3. 产业下游控制产业上游

一个产业一般都分为上游、中游和下游三个产业链环节。不少企业家认为，布局产业链上游，控制了资源，就能掌握整个产业的主动权。

这种想法表面看起来很有道理，因为有了上游，才会有中游，有了中游，才会有下游。但实际情况往往相反，是下游决定中游，中游决定上游。例如，就手机相关产业而言，首先是手机的销售情况决定了需要多少手机零部件和电池，需要多少零部件和电池又决定了需要多少原材料。也就是说，需求量和价格是从下游，经过中游，传导到上游的。所以，不是上游控制下游，而是下游决定上游。

这种产业环节的控制顺序是由市场经济中的供求关系决定的。市场经济中的供求关系是需求决定供给，供给影响需求。虽然供给量变化导致的价格变化对供需成交量会有一些影响，但不会从根本上改变需求状况。而人的逐利特性决定了只要有需求，就一定会激发出供给，但有了供给，则不一定能激发出需求。所以，在供需关系中，需求的作用是决定性的。

4. 基础性职业的待遇往往低于非基础性职业的待遇

供求关系决定价格的这个规律，导致了必不可少、基础性职业的待遇很多时候会远低于可有可无、非基础性职业的待遇。例如，粮食生产是非常重要的，因为没有粮食，人就会饿死，而足球是可有可无的体育项目，但是足球运动员的收入却远远高于农民。又如，小学教育很重要，因为没有小学就没有中学，没有中学就没有大学。同样，没有教学的基础，就无法进行科学研究。但实际情况是科研的收入高于教学，大学教师的收入高于中学教师，中学教师的收入高于小学教师。

5. 收益大小与机会多少成反比，大家都明白的道理价值很小

收益大小与机会多少成反比，与结算周期成正比，大家都明白的道理价值很小，这也是供求关系作用的结果。每年收益一次的是高管，每月都有收益的是员工，每天都有收益的是卖菜的，干活就有收益的是零工，遍地都是的机会属于捡破烂的。

技术、道理和商业模式的价值也是如此，大家都掌握和明白的技术、道理和商业模式的价值很小。例如，人们常说的"方向错了，越努力，损失越大"这句话是没有任何价值的，因为这个道理人人都明白，它也没法指导实践和判定谁对谁错。

6. 身份、地位、影响力、名气和长相等都具有实实在在的价值

市场经济使人的身份、地位、影响力、名气和长相等都具有实实在在的价值。也就是说，身份、地位、影响力、名气和长相的不同会导致收入的差异。例如，高职称的教师比低职称的教师工资高，企业高管比普通员工工资高，著名演员的出场费远高于普通演员等，都是

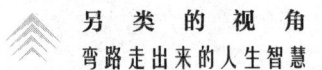

供求关系作用的结果。长相也是一种资本，人性决定了长得漂亮和英俊的人在外做业务和办事更容易成功，在内则更容易得到高收入和晋升机会。甚至长得像名人也有价值，据报道，四川一个农村小伙因长得很像奥巴马而走红，他的出场费已突破3万元，收入翻了几十翻。这说明不仅长得好看有价值，长得像名人也是资本。

7. 很多时候艺术作品的价值与艺术作品品质没有任何关系

不少人看到名家书画卖高价而想从事书画行业，认为字写好了，画画好了，就能功成名就，就能收获大的回报。有这种想法的人，是没搞清楚到底是字写得好和画画得好使一个人成名和有影响力，还是一个人有名气、有影响力使他的字和画有价值。

实际情况是这样的，不是因为字写得好和画画得好，才使一个人成名和有影响力，而是因为一个人有名气、有影响力，才使他的字"写得好"，画"画得好"，才使他们的书画作品有价值。如果书画作品真的写得好和画得好就能成为名书画并值钱，那为什么那些与真迹几乎无法区分的书画赝品却没有价值？为什么打印出来的、很漂亮的书画作品就不值钱？

不是因为字写得好和画画得好，才使一个人出名和有影响力，而是因为一个人出名和有影响力，才使他的字"写得好"和"画得好"，才使他的字和画有价值。

央视主持人朱军的水墨画《牧羊女》拍出130万元，马云的一幅墨宝《话禅》在某慈善拍卖会上拍出468万元，其油画处女作《桃花源》更是被拍出3600万港元。要知道，即便声名显赫如徐悲鸿、吴冠中、陈逸飞等，油画能拍到这个价位的也不多。搞艺术，马云是门外汉，但他的油画处女作就拍出如此天价，充分说明了艺术作品的价值与艺术作品的品质没多少关系，艺术作品的价值主要是由一个人的名气和影响力决定的。所以，不要相信书画值钱是因为字写得好和画画得好。

第六章

创业视角下的战略战术

导 语

要成大事，就要有一个先进的战略。只有战略先进、可行，战术执行起来才会高效容易。所以，绝大多数"做得很累，做得不好"的原因，不是做的层面有问题，而是想的层面有缺失，是战略战术有问题。一个好的战略，应该是即便只有70%甚至更低比例的战术成功，战略目标也能实现。一个好的战略，应该是战略实施前股东不明白，战略实施中股东开始明白，战略实施完股东完全明白。股东明白战略之时，便是公司成功之日。

做一个小公司，不需要高超的战略，甚至不需要战略。但要做一个大公司，战略就必不可少。做小公司或开个小店混生活的这类创业，就像是在乡下建一栋平房，想怎么建就怎么建，不需要太多谋划。但做大公司则不一样，做一个大公司就像建一座城市，没有规划是绝对不行的。

创业是一个从孙子到老爷的异常艰难的过程，绝大多数的创业企业都死在了还在当孙子的时候,真正成为老爷的少之又少。而大量事实证明,没有清晰、长远和可操作的战略,是创业企业死在孙子阶段的一个最重要原因。

没有战略的企业,能偶尔成功,但难以持续成功。而没有持续的成功,企业就不可能做大做强。

一、创业视角下的目标、战略和战术关系

目标、战略和战术虽然是大家熟悉的三个词,但实际上,不少人并不清楚它们之间的关系,甚至不知道什么是战略和战术。

企业目标、战略和战术之间是什么关系呢?通俗地讲,企业目标就是企业要取得的结果,企业战略就是企业取得这个结果的谋划,企业战术就是落实这些谋划的行动方案。如果把企业目标看成是一个点的话,那企业战略就是这个目标点下面的其他支撑点,企业战术则是这些战略点下面的更多支撑点。所以,企业目标、战略和战术之间是一种金字塔式的支撑关系,即企业战术支撑企业战略,企业战略支撑企业目标。

企业战略是围绕企业目标谋划的,企业战术是围绕企业战略制定的。我们常说,"从大处着眼,从小处着手"。这里的大处,就是战略;这里的小处,就是战术。

二、初创企业的战略选择

关于企业战略的文章和书籍很多,但这些文章和书籍讲得太面面俱到,反而不具有指导价值。笔者认为,对初创团队来说,制定企业

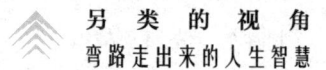

战略时要基于以下三点：

一是战略的制定要基于自身的实际情况。创业企业的战略既不能根据成功企业的经验制定，也不能根据市场的需求谋划。不根据成功企业的经验制定，是因为自己与成功企业当时的情况和环境不一样；不根据市场的需求谋划，是因为初创企业的实力一般都较小，甚至很小，对于市场的绝大多数需求是无力满足的，是做不到的。初创企业要根据自己的资金、团队水平、负责人资源等自身情况，并结合市场的一两个需求点来制定企业战略。制定的企业战略和商业模式要与同类企业，尤其是同行大企业不同。只有这样，自己才能在夹缝中生存发展。

二是战略的制定要基于人性。公司的战略涉及方方面面，但这方方面面的背后都是一个个的人或一个个的团队。所以，经营公司实际上就是经营人，就是在经营企业内部和外部的人。既然经营企业实际上就是经营人，那企业制定的战略就必须基于对这些经营对象的人性的了解和领悟。所有脱离人性的战略，都注定会失败。

三是战略的制定要基于企业不会死掉。初创企业的死亡率非常高，所以在制定企业战略时，既要考虑企业的未来，也要顾及企业的现在，要兼顾企业的长远利益和短期利益。如果初创公司的投入和规模都比较大，则在制定战略时应更多地考虑长远；如果初创公司的投入和规模都很小，则在制定战略时应该更多地考虑当下，活下来应该是企业的第一战略。

> 将军，不在战场，却能消灭成千上万的敌人；教练，跑得不快，却能培养出跑得最快的人。老大，不一定是团队中最能做事的，但一定是团队中定战略、用人和培养人最厉害的。

三、战略和战术在执行中被规划和计划取代的必然性

战略战术的重要性不言而喻，但实际工作中，我们接触的却是规划和计划，很少谈及战略和战术。为什么会这样？因为在实施的过程中，我们用规划取代了战略，用计划取代了战术。在实施过程中，用规划和计划取代战略和战术的原因主要有以下两点：

1. 战略和战术一般人搞不明白

战略和战术与规划和计划，类似于一个事物的两套不同系统、两个不同版本。战略和战术文字少，篇幅小，隐藏着谋略，一般人搞不清楚；规划和计划文字多，篇幅大，大家都看得明白。所以在战略和战术实施的过程中，需要用规划和计划加以替代，这就是战略和战术听得多、讲得多，但在实际工作中却提得不多的原因所在。

虽然规划和计划源自战略和战术，但规划和计划没有把战略和战术的意图全部体现出来。所以，从谋略的角度看，战略和战术的层次是高于规划和计划的。

2. 战略和战术包含着不能泄露的谋略

战略和战术是包含谋略的，而这些谋略是不能泄露的，甚至有些谋略连股东都不能告知。战略意图之所以不能讲出来，是因为如果把战略意图告诉了大家，战略意图就会泄露，战略就可能失败。所以，在绝大多数情况下，是不能将公司的战略意图告诉股东和团队成员的，下面这个故事就很好地说明了这一点。

公元前354年，魏国军队围攻赵国都城邯郸，赵国向齐国求援。齐国应赵国的请求，派田忌为将，孙膑为军师，率兵八万救赵。孙膑

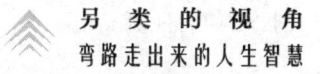

不是直接去赵国参战，而是命齐城、高唐佯攻魏国的军事要地襄陵，以麻痹魏军，而大军却绕道直插大梁，迫使魏国撤回围攻赵国邯郸的部队，使赵国得救，这就是著名的"围魏救赵"。如果孙膑战前将进攻魏国的真实意图告知了将领和士兵，此计就不可能成功。

四、战略和战术的调整、相互包含及其与盈利的关系

1. 战略和战术的调整

战略具有相对稳定性，战术则可根据实际情况进行相应的调整，具有一定的灵活性。一般来讲，战略不应因形势的变化而改变，但通向这个战略目标的道路如何走，是可以根据实际情况进行战术调整的。

虽然战略具有相对稳定性，但并不是说战略就一点都不能调整。战略的稳定性是指战略要实现的终极目标不能变，战略面的关键点不能变，但这个终极目标的内容和架构是可以调整的，战略面上的关键点是可以移动的。例如，要做成一个大公司的目标和实现这个目标的总体谋划是不能变的，但大公司的经营内容、涉足行业和谋划的具体内容是可以调整的。

2. 战术可以包含低一层级的战略和战术

战术是围绕战略制定的，但对一个具体的战术来说，它又可以包含低一层级的战略和战术。这是因为战术一旦定了下来，它就成了一个需要实现的目标。而要实现这个目标，就需要制定相应的战略和战术，所以，这个战术就包含了低一层级的战略和战术。

例如，为实现公司的营销战略，就会有与营销战略相对应的很多战术。占领某个城市的市场就是其中的一个战术，而要实现这个战术

目标，就必须制定相应的战略和战术。如此逐步分级，一直到最基层和最具体的行动方案。但随着战略战术的分级制定，战略战术的层级和对全局的影响力都逐步下降。

3. 战略和战术与盈利的关系

企业战略是实现企业目标的宏观谋划，企业战术是实现企业战略和总体目标的具体项目、手段和措施。战略是通过战术的落实实现的。所以，战术是围绕战略制定的，是为战略服务的。战术层面的一件件事情要不要做、能不能做，不是看这个事情赚不赚钱，而是要看这个事情符不符合企业战略，是否有利于企业战略的实现。如果与企业的战略相左，即便赚钱也不能做。

亚马逊公司连续亏损20年，2015年开始盈利时，其市值排在美国上市公司的第三名。阿里巴巴亏损13年，京东年年亏损，2015年亏损94亿元。这些公司的这种亏损属于战术层面的亏损，即通过战术性亏损来实现公司逐步发展成为行业龙头这个战略目标，最终赚到大钱。所以，企业战术目标的完成不一定要赚钱，但战略目标的实现则一定要盈利。

当然，企业战术目标的完成不一定要赚钱这一点，只是针对没有生存危机的企业而言。如果企业都快活不下去了，则另当别论。

五、关于战略的六点认识

1. 好的战略应该是绝大多数人无法看懂的

（1）杰出就是与众不同。杰出，就是超越了绝大多数人，就是与众不同。所以，一个企业负责人的想法，如果一开始就能得到大多数

另类的视角
弯路走出来的人生智慧

什么是杰出？
杰出就是与众不同
杰出就是特立独行
杰出就是脑子正常下的非常另类

人的认可，那他很可能就不是一个优秀的负责人。他最多只能做个小公司，很难有大作为。

一个优秀企业负责人的想法和做法，应该是绝大多数人难以理解的。股东之所以支持他，不是因为股东明白或赞同他的想法，而是因为以前的事实证明他是对的，股东不再按自己对事的判断投票。股东的投票不再是针对事，而是针对人。

爱因斯坦曾因看起来愚笨而在十六岁时被勒令退学。离开学校后的爱因斯坦前往米兰想继续求学，但没有一所学校愿意接收他。原因是他超龄、没有中学文凭、沉默寡言和看起来木讷。无奈之下，爱因斯坦只身来到苏黎世碰运气。幸运的是，当地大学的校长对他颇为赏识，把他推荐到小镇的中学复读。在那里，老师们逐渐发现，沉默的爱因斯坦不但不愚笨，还是个天才。

无数事实说明，与众不同的人要么非常优秀，要么就是脑子有问题。如果你身边有特立独行的人，你认定他的脑子和精神没问题，那他很可能就是一个非常优秀的人。战略也一样，与众不同的战略不一定是好的战略，但好的战略一定与众不同。

（2）好的战略应该是没几个人能明白的。创业企业数不胜数，但只有极少数企业能发展成为大企业。所以，要做成一个大企业，企业的思路、战略和商业模式就必须与众不同。为避免股东不理解战略而否决战略，企业的战略制定者应该在战略表决前与股东充分沟通，争取股东在不认同战略的情况下也支持战略的实施，至少支持战略的分阶段实施。

当然，股东也要明白，看得见的不是机遇，看不见的才是商机，如果一个普通股东就能轻松读懂企业战略，那这个战略就不是一个好战略。一个好的战略应该是战略实施前股东不明白，战略实施中股东开始明白，战略实施完股东完全明白。股东明白战略之时，便是企业成功之日。

2. 战略的高下取决于战略制定者智慧的高低

企业家是企业成长和发展的天花板。一个企业能做多大，取决于企业家的抱负、追求、智慧和境界，这就是所谓的企业家封顶理论。

企业的发展战略不是常规思路，往往是新奇办法和发展谋略，是企业家智慧的结晶，它能使企业少投入、多产出、少挫折、快发展。

企业的战略谋划需要方方面面的智慧，但最为重要的一点，就是战略制定者对人性要有深刻的领悟。因为，经营企业说到底就是经营人。

电视剧《大宅门》中白家二奶奶就曾采取了一个大胆的战略。二奶奶为了盘回被查封的百草厅，想到了慈禧太后跟前的红人常公公，看见常公公外宅陈旧，就花大价钱买了一个宅子和两个姨太太送给常公公。此举在白家后来盘回百草厅中发挥了关键作用。另外，百草厅被查封后，白家二奶奶不让遣散百草厅的伙计，照旧给工钱养"闲人"，这一做法也成为白家后来战胜其他药店的关键。

白家二奶奶的做法几乎没人理解，二奶奶把自己的谋略讲给白家老爷子听后，白家老爷子才明白其中道理，并对二奶奶说，即便是二奶奶一把火把白家烧了，自己也会认为二奶奶是要施展宏图，自己也会大力支持。

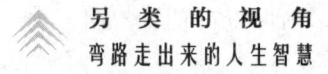

3. 战略制定要着眼长远

企业的短期发展问题是企业长期发展问题的一部分，不是独立的短期发展问题。所以，希望长寿的企业，必须处理好短期利益与长期利益的关系，必须关心企业的长远，必须对未来可能出现的问题提前预判，做好预案。

企业要做大做强，必须有长远战略，这个道理与开车类似。一次笔者和一个朋友从长沙返回吉首，朋友说自己很少在高速上开车，想练练车，笔者就在车少的路段让朋友开。然而，朋友开车时的车速并不快，但车却不是稳稳地走在车道中间，而是不断交替地压左边线和右边线。看到这种情形，笔者就问朋友是否经常开车，朋友说是，但都是在市区。笔者问朋友此刻眼睛是看车前多远的地方，朋友说车前一二十米。笔者就跟朋友说高速和市区不一样，市区速度慢，眼睛要看近一点，高速车速快，就要看远一些。朋友听了建议后，车就不再压线，车也开得更稳更快了。这说明，只有看得更远，才能走得更快。

任何时候，做任何事情，都不要忽视长远，不要觉得长远太远。要知道，所有的现在和近期，都是以前的未来和长远。所以，只有看得长远，才知道近期如何作为。大量的事实证明，没有清晰的长远战略，是创业失败的最主要原因。

4.商业模式是企业最核心的战略

企业的商业模式是企业最核心的战略。一个企业的商业模式，从根本上决定了企业能做多大，能走多远。对企业来说，自己的技术、产品和服务再好，如果没有一个好的商业模式，也很难成功。

乔布斯曾经创造出全世界最棒的苹果个人电脑，它仅12磅重，仅用10枚螺丝钉组装，塑胶外壳美观时尚。人们都不敢相信这部小机器能在大荧光屏上连续显示出壮观、万花筒般的色彩。基于此，《华尔街日报》写道："苹果电脑就是21世纪人类的自行车。"但仅仅五年后，苹果电脑就在竞争中败给了IBM电脑。为此，1985年9月17日，乔布斯被迫辞去苹果公司董事长的职位。苹果个人电脑的失败，不是产品不够好，而是商业模式自我封闭，不与产业链上下游合作，想吃独食，拒绝与别人兼容，最后输给了更开放的IBM计算机联盟。

乔布斯重返苹果公司后，构建了新的商业模式。这种商业模式靠的不是什么独创技术，而是跨行业的资源整合、捆绑和共享。做一件事，赚三份钱，这就是苹果商业模式的效果。苹果手机利润率高达50%，iPad利润率也达到了25%。苹果公司先从产品销售赚到第一份钱，然后从全球独家合作的运营商身上可持续地分享流量费，同时节省了巨大的市场推广费，这是苹果赚到的第二份钱，最后通过App Store的销售和广告收入分成，苹果公司可持续地赚到了第三份钱。

苹果公司的经验告诉我们，仅有技术和产品的创新远远不够，只有建立与之相配套的独特商业模式，才能取得想要的成功。所以，商业模式的创新是企业最核心的创新，是企业最核心的战略，是企业盈利的根本。

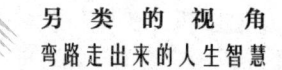

5. 企业制定的战略要有利于形成综合性优势

　　企业的战略制定者应该明白，社会已经发展到了这样一个阶段，那就是单一优势已无法保障公司的竞争优势，甚至很难产生这种优势应该带来的效果。因为单一的优势很容易被追赶和反超，很容易被复制和模仿。只有具备综合性的优势，才能产生较大的被追赶和被复制壁垒，才能确保自己的竞争优势。

　　产业、行业利润和收益高低也发展到了类似的阶段。只经营产业链中的一个环节或一个单一产业，已难以获取大收益，将产业链中两个或两个以上的环节组合，将两个或两个以上的行业融合，才能产生高额利润，才能构筑较大的被追赶和被复制壁垒。所以在制定企业战略时，一定要充分考虑企业的综合性优势构建。

6. 好的战略即便只有70%的战术成功，战略目标也能实现

　　尽管战术是围绕战略制定的，战略的成功依赖于战术的成功，但好的战略是不应依赖于个别战术的。如果围绕战略制定的战术中，只有70%甚至更低比例的战术成功，战略目标也能实现，那这个战略就是一个好战略；如果一个战略需要完美的战术才能取胜，那这个战略就不是好战略，这个战略就不可靠。

　　另外，好的战略应该将独立自主和整合资源相结合。一方面，战略设计的底线应该是在没有外力的帮助下，凭借自身基础和积累也可以实现战略目标；另一方面，战略又不自我封闭，设计的战略应该能整合外部资源，团结一切可以团结的力量，能借助第三方力量发展自己。

第七章

人性的弱点

> **导 语**
>
> 　　人人都有欲望,这决定了任何纯粹的恶都无法在社会立足和持久。在这种情况下,所有的恶和欲望满足,都只能以"善良"和"正义"的名义或形式进行,这也是社会上始终存在"说一套做一套"现象的原因。人人都有欲望,每个人都不希望自己的财富和所爱被别人用非正当手段夺走,这决定了人们都会拥护对恶的惩治,从而确保了正义和善良会成为社会的主流。所以,从这个角度讲,正义和善良其实是人人都有欲望的结果,是人们追求名利的过程中妥协的产物。

　　人性,是一个古老的话题。不同的人,对人性有着不同的认识。孔子认为性相近,承认有人性;孟子认为人性善;荀子却说人性恶;告子认为人性无所谓善恶,又说"食色,性也"。

　　人性善也好恶也罢,不可否认的是,人性的本能就是追求自己想要的幸福和快乐,人性有许多共同的弱点。

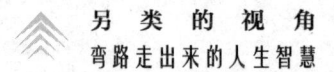

另类的视角
弯路走出来的人生智慧

一、人性的主要弱点

1. 自私

《三字经》说，"人之初，性本善"，其实不然。人都是自私的，你看婴儿只要有点饿或者其他什么不舒服，就会本能地大哭大闹，以此让大人满足自己的需求。可见，人之初，性本恶，人都是自私的。

曾国藩早期以道义号召众人与他一起抵挡太平军，认为有道义就足够了，有道义就能感召别人，就可以"振臂一呼，应者云集"。但他慢慢发现最初投奔他的人都去了胡林翼那里，于是就问幕僚赵烈文："众皆出我下，奈何尽归胡公？"赵烈文回答："人皆有私，不能官，不得财，不走何待？"曾国藩又问："当如何？"赵烈文回答："集众人之私者，可成一人之公。"曾国藩连连点头，从此以后对有功的部下大力奖赏。特别是担任钦差大臣、两江总督后，他利用各种机会保荐自己的幕僚当官，从而保障了自己手下人才济济。

与人的自私相关且值得一提的是这样一个现象，那就是虽然女人是重男轻女的受害者，但从古至今大多数重男轻女的人又恰恰是女人。女人曾经憎恨重男轻女，因为那个时候，她们是重男轻女的受害者。但当她们成了母亲和婆婆后，为了确保自己未来能够享有稳固的地位和利益，她们就毅然变成了维护和传承她们曾经憎恨的世俗观念的主力军。女人重男轻女态度转变的根本原因，就是人性的自私。

2. 自恋

很多时候我们都会自我感觉良好，都会觉得自己是对的，这就是自恋。自恋导致我们都不喜欢被批评、被否定，会不知不觉地流露出自我中心主义和自我优越感。

心理学研究发现，在与他人做对比的时候，人们常常对自己的知识和能力过于自信，会普遍高估自己。例如，斯文森研究发现，在评价自己的驾驶水平在人群中处于什么位置的时候，90%的人都认为自己的驾驶技术在平均水平之上，很少有人说自己的驾驶技术低于平均水平。但事实上，按照平均水平的定义，有50%的人驾驶技术高于平均水平，就一定有50%的人驾驶技术低于平均水平。人们之所以会普遍高估自己，是因为人都有不同程度的自恋。

另外，现实社会中的每个人都会不同程度地固执。人之所以会固执，是因为在一般情况下，人们都会认为自己是对的，别人是错的。所以，固执其实也是一种自恋的表现。人越自恋，就越固执。

自恋虽然导致人们不能正确判断自己，造成了人的固执，但自恋也有好的一面。自恋的好处是，它使人在过得不好的情况下，依然觉得自己过得还行；在没有希望的情况下，依然认为自己还有希望。这在很大程度上支撑了自己不被困难和逆境击倒，给自己活下去提供了强大力量。

3. 虚荣

虚荣心是人们为了取得荣誉和引起普遍注意而表现出来的一种社会情感和心理状态。虚荣心的主要表现是盲目攀比、好大喜功、过分看重别人的评价以及自我表现欲太强等。

虚荣心导致人都希望被

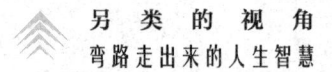

肯定、被赞美、被认同和被附和。虚荣心使人产生嫉妒，且大家嫉妒的往往不是陌生人的如日中天，而是身边人的飞黄腾达。虚荣心导致人们容易为甜言蜜语所俘虏，而女性尤为突出。几乎所有的女人都喜欢甜言蜜语，许多女人正是因为男人的甜言蜜语而嫁错了人。

历史上，因虚荣心而误事的一个典型例子就是项羽。听闻刘邦欲关中称王，项羽大怒，欲以四十万大军击压刘邦十万军，刘邦急忙笼络项羽叔父项伯，卑屈称臣，高颂项王。项羽因此沾沾自喜，颇为得意，就听从了项伯"善遇"刘邦的建言。这就有了鸿门宴上范增"数目项王"杀刘邦，而"项王默然不应"的千古遗憾。

4. 懒惰

人天生就懒惰，都希望以最少的劳动甚至不劳动，以最小的付出甚至不付出，来获得最大的收益和得到最大的满足。社会不断涌现出来的新技术、新产品和新服务，都是为了满足人的懒惰本性。

人们常说懒得像猪，认为猪是很懒的动物，其实没有不懒的动物，猪之所以最懒，是因为圈养它们的人为其提供了足够的食物，使其更具懒惰的条件而已。实际上，只要不直接影响个人收入，人在可以偷懒时是一定会偷懒的，人民公社和生产队的实践充分证明了这一点。

5. 贪婪

贪婪是人攫取超过自身需求的金钱、物质财富或肉体满足的一种欲望。人，没有不贪婪的，只是贪婪的内容、手段和方式有差异而已。2008年，湖南省吉首市发生了震惊全国的集资事件。集资事件是由房地产开发商以月息2分向公众借款开始，发展到月息1角。由于开发商采用借新还旧的方式，在开始的几年相安无事，但后来新进借款已无法偿还先前的借款本金和利息,导致群体事件的爆发。如此高的利息,稍有常识的人都知道是不可能的,但大家都很贪心,都认为自己不会是最后的接棒者。可以说,是人性的贪婪造就了这样的社会悲剧。

笔者的一个朋友在创业最艰难时曾求助于他平常给予帮助最多的三个人,尽管这三个人都有能力,但却没一个人对他施以援手,反倒是他平常很少帮助甚至没有帮助过的人给了他大力支持。对此,朋友很难理解。其实,只要深入思考,就不难明白其中的道理。为什么你帮助最多的人是在你困难的时候最不会帮助你的人?这与人性的自私和贪婪有关。要你经常帮助的人,一定是一个自私和贪婪的人,因为一个不太自私和不太贪婪的人,是不好意思要同一个人不断帮助的。既然你帮助最多的人是非常自私和贪婪的,那他就不可能在你困难的时候帮助你。

6. 虚伪

笔者的一个朋友,在创业艰难的时候,曾邀请不少人加盟,请求不少人帮助,但基本都被婉拒。后来,创业有了起色,在谈及自己创业的艰难经历时,听者无一例外地对笔者朋友说,当初为什么不找他,当初找他或者认识他就好了。人就是这样虚伪,往前看,没几个人有眼光,往后看,人人都有"远见",人人都是"智者"。

虚伪是人们为了获得某种利益或达到某种目的,或者是为了掩盖自己的真实意图,说出了与事实相反的话。虚伪会导致人们在短时间内很难判断一个人是好还是坏,难以判断一个人说的话是真还是假。

例如,社会上就存在这样一种现象:很多时候,领导要你批评建议,实际上是想你歌颂赞美,领导赞扬了你的批评建议,实际上他是

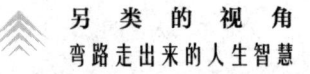

在生气。听了批评建议,领导既不生气,也不高兴,才是真正地认为你对。如果你搞不清这些套路,就会吃亏。

7. 发脾气

每个人都有脾气,都会在不满意和不如意时发脾气。刘邦被项羽大军围困在荥阳,情势十分危急,楚军随时都有可能攻破荥阳。而此时的韩信却一路高歌猛进,消灭了赵国,胁迫燕国投降,并最终攻入临淄,平定了齐国。刘邦急得团团转,终于把韩信的书信盼来了。但韩信的信上却说:"齐国是个狡诈多变、反复无常的国家,南边又和楚国相邻,如果不设立个代理齐王来统治齐国,局势恐难以安定,所以希望能够做代理齐王,这样有利于局势的稳定。"读完书信,刘邦气得破口大骂:"老子困在这里,日夜盼你小子来救老子,你却想自立为王!"刘邦身边的张良和陈平两大谋士赶紧凑近刘邦的耳朵,低声说:"目前我们处境不利,怎么可以不让韩信称王?还不如趁机立他为王,厚待他,让他镇守齐国,否则会生出乱子来。"刘邦立马醒悟过来:"大丈夫要当就当真齐王,当什么代理齐王。"他马上派张良去齐国册立韩信为王,并征集军队进攻楚国,一场危机就此化解。

其实,英杰与庸夫并无脾气大小之别,真正的区别在于,前者懂得克制怒气,而后者则不明白这个道理。

一个人要做到一点脾气都不发是很难的,尤其是在自己不满意和不如意时。有人认为,只要有了良好的教养,人就会好好说话,就会情绪稳定,就不会发脾气。其实不然,只要积累了不满,再有教养的人,也无法做到好好说话和情绪稳定。所有的好好说话和情绪稳定,都应该是在不满得到释放之后,或者是积累的不满不多。

社会上因小事发大脾气,甚至造成悲剧的情况不在少数,不少人

第七章 人性的弱点

对此难以理解。为什么会出现这样的情况？因为在此以前，人们就因为其他事情积累了很多不满，现在的这个小事只是情绪发泄的导火索。也就是说，很多时候，人们是把 A 处产生的不满发泄到了 B 处。为什么不把 A 处产生的不满发泄在 A 处？因为人们明白，在 A 处自己是弱者，这时发泄不满会给自己带来损失、伤害甚至灾难。为什么会在 B 处发泄？因为积累的不满终究要释放出来，而 B 处是在乎自己或者比自己更弱的人。所以，如果没有更好的释放方式和发泄渠道，将不满发泄到在乎自己和比自己更弱的人身上，就在所难免。

所以，当你身边的亲人或朋友"莫名其妙"地发脾气时，你不要硬顶，要让步和包容。因为他们在发脾气前已经积累了很多的不满和委屈，他们是在借这个小事来释放自己的不满。

二、人性和道德

1. 人性和道德是两个不同层面的事情

欲望是人的第一人性，是在任何情况下都存在的人的本能。为什么投资博彩、灰色娱乐、色情、毒品等行业不需要做市场调研就可以赚大钱？因为这些产业背后体现的都是人性的"嗜好"，市场需求大。

人性，是人与生俱来的本性，是先天属性，而道德则是后天塑造出来的品格。人性与道德相通，但不相同，人性不是道德。在道德与人性之间，人性是第一位的，只有满足了人性，才谈得上道德。古人云，"仓廪实而知礼节，衣食足而知荣辱"，说的就是这个道理。不正视人性去谈人品、谈道德是虚伪的，把本属于人性范畴的事归结于道德是错误的、是误导人的。

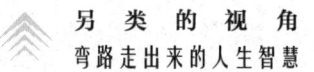

2. 人性决定了没有纯粹意义上的善良

人性决定了世上没有纯粹意义上的善良。通常意义上的善良，其实也是一种自私，也是一种个人的欲望满足，只是这种欲望满足对他人有利，所以叫善良。

人们常说，人都是自私的，只是程度不同，把这句话改为"人都是自私的，只是自私的内容和方式不一样"可能更准确。自私的内容不同，是指不同的人的欲望是有差异的。自私的方式不一样，是指没有智慧的人，把名利的追求过程搞成了自私和贪婪；有智慧的人，把名利的追求过程变成了善良、伟大和高尚。

经济学家茅于轼说过，为穷人说话的人很多，替富人说话的人很少。但是，为富人办事的人很多，替穷人做事的人很少。为什么会出现这种现象？出现这种言行不一社会现象的根本原因，就是人都是追求名利的。为穷人说话，是追求名，是要站在"道德"的高点；替富人办事，是追求利，是回归逐利的本能。

当然，社会上也有不少人说名利庸俗，说要淡泊名利。具体有三种情况：一是说这话的人是难以获取名利的人，他们说淡泊名利，是为自己无法获取名利找台阶，是以此安慰自己；二是说这话的人是已经获得了名利的人，他们一边享受名利的好处，一边又说名利庸俗，他们说名利庸俗只是为了显示清高，并非真实心态；三是说这话的人是快要走到生命尽头的人，他们说名利庸俗，是因为此时名利对他们已

> 对实施者来说，自私、邪恶与善良、高尚是一回事，都是个人的欲望满足。差别在于，对别人不利的欲望满足，叫自私和邪恶，对他人有利的欲望满足，叫善良和高尚。

没有意义。

实际上，人们所做的每件事情都是为了得到，只是希望得到回报的方式不完全相同，希望得到的回报内容不完全一样。有人会说，不少人做好事时是不求回报的，所以，这世上有帮助人不求回报的事情。其实，做好事的人在做好事的时候是得到了回报的，这种回报就是精神层面的快乐和满足，也就是人们常说的助人为乐。换句话说，如果帮助别人会让自己痛苦，那人们就不会帮助别人。

三、承认人性弱点的重要性

1. 正视人性弱点可防止灾难性人祸

由于人的智慧、能力及资源不同，导致人们获得的财富存在差异，甚至是很大差异。人性的弱点决定了能力较弱的人都会有这样一种想法，那就是希望通过某些办法获得与能力强的人差不多的财富。而实现这个想法最"正义"的途径，就是先把所有财富变成集体所有，然后再按差别不大的方式重新分配，从而将能人的财富转移到自己手上，让自己也过上与能人差不多的生活，这就是穷人最支持集体所有的原因。但这种做法会严重打击能人的积极性，而一旦能人的积极性受到打击，他们带头创造财富的热情就会受到严重影响，结果就是大家贫穷。

因此，所有想均富的共同富裕，结果一定是集体贫困。实现共同富裕的唯一方式，是要保持一定程度的贫富差距。正视人性的弱点是非常重要的，因为这关系到制定什么样的社会规则，对社会发展影响深远。

2. 有利于制定稳定和促进文明的社会制度

承认人性弱点的社会，就会制定相应的规则来约束人的行为，就会对权力进行限制，对社会进行全方位的监督，从而使社会呈现出高尚的品质和道德；否认人性弱点的社会，就会忽视规则的建设和对社会的监督，就会成为人治社会。

正视人性的弱点，制定的社会规则就会更合理、更有人性，就会在惩治恶行的同时，对一些无法抑制的人性弱点，尤其是人的刚性需求，采取相应的措施疏导，而不是强行压制，这样就既维护了社会正义，又确保了社会稳定。

例如，人的温饱、生理这些需求是必须满足的。如果不正视这些需求而强行压制，就会引发严重的社会问题。在性被强行压制的年代，产生了很多强奸犯罪事件，而在性被松绑后，此类犯罪大幅下降，原因就在这里。

3. 有利于将人性的弱点转化为推动社会发展的巨大动力

在充分了解人性的情况下，只要制定合理的规则，就能将人的自私、虚荣和贪婪等弱点转化为推动社会发展的强大动力。建立在法治和自由竞争基础上的市场经济，就是一个将人性弱点转化为社会发展巨大动力的典型例子。

在法治的市场经济中，人们只有通过挖空心思和不断创新，为消费者提供更优质的产品和服务，然后通过市场交换满足他人的需求，自己才能获得名利，并推动技术的进步和社会的发展。

人性决定了没有欲望就不会有动力，没有动力就不会有行动，没有行动就不会有社会的进步和发展。所以，人性的欲望是推动社会发展和进步的根本动力。

社会现实就是这样有趣。一方面，是人的善良和高尚保障了社会的和谐和稳定，另一方面，又是人的自私和贪婪促进了社会的进步和发展。人的自私，使人得以生存；人的善良，使社会得以稳定。所以，人的自私和善良是社会必需的两个面，缺了一个，社会就无法存在，人类就会消亡。

4. 有利于理解社会制度为什么会或多或少地向社会精英倾斜

建立在人性基础上的制度，是向富人和精英倾斜的。为什么社会制度会向社会精英倾斜？主要有三个原因：第一，富人和精英处在社会的上层，是社会的实际控制者，在他们的主导下制定的社会制度很难不向自己倾斜；第二，富人和精英都是有能力的人，如果社会制度不向他们倾斜，就会影响他们领导社会的积极性，进而影响社会的财富创造速度和发展进程；第三，社会制度适当向精英倾斜，有利于引导大家争着成为社会精英，使社会呈现出积极向上的面貌，从而加快社会的进步和发展。

试想一下，如果没能力的人领导有能力的人，没本事的群体领导有本事的群体，那社会会是什么样子？社会还能发展和进步吗？社会能不贫穷吗？所以，正常的社会应该是优待富人和精英，善待穷人和弱者。优待富人和精英，是为了调动富人和精英带头创造财富的积极性，促进社会的进步和发展；善待穷人和弱者，就是要满足穷人和弱者的基本生活需求，使他们安心和安定，确保社会的稳定，促进社会公平。

因此，从人性的角度看，要确保社会的文明、稳定和发展，就必须努力让精英治理与民众诉求之间达到一种平衡。如果过度忽视民众诉求而强调精英治理，社会就会变得野蛮和倒退；如果过度忽视精英治理而强调民众诉求，社会就会变得无序和停滞。而实现精英治理与民众诉求之间相对平衡的最好办法，就是让精英治理社会，但精英是谁，要由民众决定。

5. 有利于认识和利用由人性弱点造成的马太效应

社会的普遍规律是强者越强，弱者越弱，很多情况下失败的人只会更失败，成功才能孕育下一次成功。社会学家罗伯特·默顿将贫者越贫、富者越富的现象称为马太效应，它揭示了这个世界真实而残酷的一面：任何群体、个体或地区，一旦在某一方面获得了成功或进步，就会产生积累优势，就有更多的机会获得更大的成功和进步，也就是说，成功是有倍增效应的。

马太效应是由人性的弱点造成的，因为大家都知道强者更容易成功，跟着强者获利的可能性更大，所以，资源流向强者而不是弱者。这种马太效应对社会的发展是有利的：第一，马太效应可促使大家争着成为成功者，有积极的正面引导作用；第二，马太效应能形成集中力量干大事的局面，有利于推动社会的进步和发展。

6. 有利于理解社会为什么会有那么多的囚徒困境

"囚徒困境"是1950年美国兰德公司的梅里尔·弗勒德和梅尔文·德雷希尔提出的一个理论，后来由顾问艾伯特·塔克以囚徒方式阐述，并命名为"囚徒困境"。其狭义是指两个共谋犯罪的人被关入监狱，不能互通信息。如果两个人都不揭发对方，则由于证据不确凿，每个人都坐牢一年；若一人揭发，而另一人沉默，则揭发者因为立功而立即获释，沉默者因不合作而入狱十年；若互相揭发，则因证据确凿，两人都判刑八年。由于囚徒无法信任对方，因此倾向于互相揭发，而不是同守沉默，最终导致两人都坐了更长时间的牢。

社会上因欺骗、不信任和不守规则而导致的类似囚徒困境比比皆是。笔者博士毕业后第一次担任期末考试的监考，在考试进行到半小时左右时，有一位同学说肚子不舒服，要上卫生间。出于信任，笔者同意了。但过了几分钟后,又有同学说要上厕所,笔者仍然选择相信。这样,在大约20分钟的时间内,先后有四名同学去了卫生间。此时,笔者已感觉到这其中肯定有同学上卫生间是为了作弊。所以当第五个同学说肚子不舒服要上卫生间时,笔者就变得纠结,纠结这位同学是真肚子不舒服还是假肚子不舒服,这时笔者自己就陷入了同意还是不同意的困境。

保持一定的贫富差距和追求均衡的共同富裕,也是一种囚徒困境。由于社会上相对不富裕的人是多数,而人都自私和懒惰的。在这种情况下,追求均衡的共同富裕就会成为社会主流,均富的想法就会付诸实践。而一旦均富变成了实践,就意味着大家分到的利益都一样多。在这种情况下,能力强的人就不会再拼命创造财富,而能力弱的人也因即便不努力也不会少分得财富而更加懒惰。当能力强的人和能力弱的人都没有了创造财富的积极性时,结果自然是大家都非常贫穷。当事情发展到大家没什么财富可分而活下去都困难时,即便是能力弱的人,也会开始反对这种平均分配,也会赞成大家不再一起混。而一旦取消了平均分配,就会又产生新的贫富差距,由此完成一轮循环。

交通方面常见的一个囚徒困境就是塞车。在交通不太通畅时,就会有司机开始不守规则塞车。这时,只要是只有少数人塞车,大多数人守秩序,那少数塞车的人就会成为得利者,他们就可以提前走出拥堵区。但问题是,其他人看到塞车的人得到了利益,也会跟着塞车。这时就会导致拥堵变成堵死,所有人都无法离开拥堵区,所有人都不得不等待更长的时间。

囚徒困境在于,第一个人或者少数人不合作和不遵守规则时,他们会成为得利者。但他们得利的坏榜样会引发大家争相不守规则,从而出现所有人的利益都遭受更大损失的灾难性局面。在这种情况下,大家就会赞同制定更为严苛的规则。虽然严苛的规则使人们在一般情况下不敢不守规则，但严苛的规则会使大家都痛苦和难受。而当大家越来越受不了严苛的规则时，就不得不对规则进行松动，而一旦规则不再严苛，不遵守规则的现象就又会增多，就会进入下一轮的囚徒困境循环。

囚徒困境说明，虽然合作和遵守规则对大家都有好处，但人性的弱点又决定了要保持这种合作和规则的遵守并不容易。人性决定了这种囚徒困境一定会无止境地循环。但由于人们在前一次的囚徒困境中多少会吸取一些教训，所以这种循环不会是简单的重复，而会是一种螺旋式的循环上升。即下一次的囚徒困境一般都会比上一次更理性一点，更文明一些。而人类也正是在这种螺旋式的循环上升中取得进步和变得文明。

四、人性的弱点决定了正义和善良最终会战胜邪恶和丑陋

1. 社会的金字塔结构确保了正义和善良会成为社会主流

社会的方方面面都是金字塔结构，社会是由金字塔上部的人主导和控制的。一般来说，处于金字塔上部的人都是比较有智慧、有能力和有资源的。且越靠近塔顶的人，能力越强，智慧越高，资源越多。这些人完全可以在规则范围内，用自己的能力、智慧和资源来满足自己的欲望，没必要采取非正义手段来达到自己的目的。所以，主导和控制社会的人就会成为倡导正义和善良的主力军，使正义和善良成为社会的主流。

2. 高层次的欲望满足只有通过正义和善良的方式才能实现

人的欲望是分层次的，最低层次的欲望是生理和生存需求，这种

需求是有刚性的。当一个人通过正常途径和手段无法满足自己的刚性需求时，就会采用非正义手段来满足。但高层次的欲望不同，高层次的欲望是在满足了物质和生理等刚性需求的基础上产生的。例如被尊重、被认可、被赞扬、人生价值的实现等，都属于较高层次的欲望需求。由于这种欲望满足的本质就是要得到别人对自己的正面评价，所以这种欲望满足就只能通过利人和为社会做贡献等正义和善良的方式实现。

换句话说，人的欲望层次越低，满足的过程就越邪恶、越自私；人的欲望层次越高，满足的过程就越善良、越高尚。也就是说，当一个人开始追求名声这种高层次的欲望满足时，这个人就会变得善良和高尚。就社会而言，追求高层次欲望的人更多是处在社会上层的人。由于处在社会上层的人在社会中具有较大的影响力，所以一旦社会上层的人因追求高层次的欲望满足而变得比较善良和高尚，社会就会变得比较正义和文明。

3. 人人都想保护自己的利益，决定了社会制度必然相对公平公正

社会上的每个人都有保护自己利益的愿望，都无法接受别人采用不正当手段夺走自己的财富和所爱。处于金字塔上部和塔尖的那部分人，这种愿望更强，因为他们拥有的财富和利益比普通人更多。

由于每个人都有保护自己利益的愿望，在这种情况下，保护每个人的财富和所爱的唯一办法，就是不允许任何人强抢和强占别人的财富和所爱。这样，社会就会制定相应的规则来限制暴力和抑制邪恶，使社会制度具有相对的公平和公正。

4. 合理规则下的竞争能把自私转化为利人

自利本身并非不道德，相反，在市场经济下，自利之心正是利他

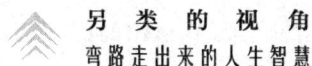

之行的主要驱动力。英国经济学家亚当·斯密在其1776年发表的《国富论》中说："人类几乎随时随地都需要同胞的协助，但仅仅依赖他人的仁慈，那一定是不行的。如果能够刺激人们的自利心，并表示对他们自己有利，那么，他们的行动就容易展开。我们每天所期望的食物，不是出自屠夫、酿酒师或面包师的仁慈，而是出于他们自利的打算。我们不要讨论他们的人道，而要讨论他们的自爱；不要对他们讲我们的需要，而要谈对他们的好处。"他还说："一个人通过追求自身利益对社会利益的促进，往往比他有意为之还要有效。"

成功不是因为克服了人性弱点，
而是因为有智慧地利用了人的欲望

第八章

平台、团队与个人

> **导　语**

没有刘备，张飞只是个卖肉的，关羽只是个编筐的，所以跟对人很重要；没有唐僧，悟空就是只猴子，没有悟空，唐僧只是个和尚，所以组建团队很重要；土豆价格很低，番茄也是如此，但薯条搭配番茄酱后就身价倍增，所以合作很重要。没有团队，一个人再强大也无法成就大事；相互合作，一群人再平凡也可以成就伟业。一个人，可以走得更快，但一群人，能够走得更远。

团队是由两个或两个以上的人组成的集体。平台是团队或个人进行合作、交流、交易和学习的舞台。所以，学校、公司等都是平台。一方面，团队可以依托平台开

失败的团队没有成功者，成功的团队没有失败者。所以，自己要不失败，就必须确保团队不失败。

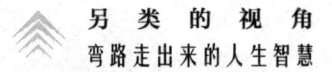

展工作；另一方面，团队又是团队成员的舞台，所以团队本身也是一个平台。对个人而言，能让自己发挥作用的岗位、职位等都是平台。

一、团队的力量

个人的力量是渺小的，但个人组成团队后的力量却是无穷的。刘备找了三个人，建立了蜀国；朱元璋找了八个人，建立了大明王朝；耶稣找了十二个门徒，建立了全球最大的宗教之一——基督教；马云找了十八个人，建立了全球最大的电商帝国；孔子找了七十二个门徒，建立了影响深远的儒家学说。这些都是个人组成团队后产生巨大力量的典范。

能获得单干无法获得的收益，能够战胜个人无法战胜的困难，是组建团队的根本目的。在F1比赛中，赛车都有几次加油和换轮胎的过程。一般来说，赛车勤务人员有22名，其中3人是加油的，其余都是换轮胎的。在换轮胎时，有人拧螺扣，有人压千斤顶，有人抬轮胎，这是一个最体现协作精神的工作。整个加油和换轮胎的过程通常都在6~12秒之间完成。这个加油和轮胎更换速度是任何个体都无法做到的。

在社会分工日益细化、技术与管理日益复杂化的今天，要成就大事，没有他人的协助，没有团队的合作，是根本不可能的。正如比尔·盖茨所说，小成功靠自己，大成功靠团队。要成就大事，就必须有团队。

二、团队失败的主要原因

由于团队成员之间存在方方面面的差别和差距，所以要形成一个有凝聚力和战斗力的团队并非易事。现实的情况是只有少数团队取得了成功，大多数的团队都以失败告终。以下是团队失败的四个最常见原因：

1. 个人利益与团队利益本末倒置

处理好个人利益与团队利益的关系，对团队的事业发展至关重要。但现实中，这又是非常困难的事情，因为人都是自私的。人自私的本性，使不少团队成员没能正确地处理个人利益与团队利益的关系。

当团队与团队成员之间是类似于公司与股东这种紧密利益关系时，团队成员就必须把团队利益置于个人利益之上。在团队是一个紧密利益共同体的情况下，将个人利益置于团队利益之上，实际上就是在损害自己的利益；将团队利益放在比个人利益更重要的位置，才是真正地保护自己的利益。将个人利益置于团队利益之上势必损害团队利益，而损害团队的利益实际上就是损害其他成员的利益，这会导致团队其他成员讨厌自己，自己就会因此被团队驱逐和淘汰。相反，如果团队成员都将团队利益放在更优先的位置，把团队的利益看成是自己的利益，那团队就会有强大的凝聚力和战斗力，就能战无不胜，团队成员就会因此获得更多的名利。

所以，团队成员如果一心想着个人利益，那他实际上就是在损害自己的利益；如果团队成员一心想着团队利益，那才是在争取自己的利益。如果团队成员不明白这个道理，那就会被团队淘汰，自己就无法再从团队这个渠道获得任何收益。

如果团队与团队成员之间不是公司与股东这种紧密利益关系时，则需要通过制定合理的奖励和处罚机制来激发团队成员的积极性，确保团队的凝聚力和战斗力。

2. 团队成员斤斤计较，缺乏奉献精神

讲到团队，大家都会强调团队的协作和团结精神，但往往忽视团队成员的吃亏和奉献精神。世上没有绝对公平的事情，团队的事务和利益分配也不例外，如果团队成员斤斤计较，没有奉献精神，则团队的协作、团结和凝聚力就会丧失。

大雁是最具奉献精神的一种鸟。大雁迁徙时往往排成"人"字形或"一"字形。前面大雁的飞行可以掀起一股向上的气流，从而减少后面大雁飞行的空气阻力。当领头雁飞累了的时候，就会发出信息，队列中另一只强壮的大雁就会自觉飞上去替补。有人甚至做过这样的试验：用枪射杀第一只大雁后，队形依然会保持不变。动物学家的试验表明，大雁长距离结队飞行的速度比单只大雁飞行的速度要快70%以上。正是这种甘于奉献的精神，使得大雁能够冬去春来，长途迁徙数千里。

团队成员要明白，只有付出和奉献，才能得到收益和回报。人民公社和生产队的实践证明，如果不愿奉献、付出和承担，只想分享别人的成果，最终什么也分不到。

无数事实告诉我们，看重个人利益，尤其是短期个人利益的人，能收获小钱，但收获不了大钱。收获大钱的人，一定是把团队利益置于个人利益之上的人。

3. 没能及时处理和消除团队出现的负能量

团队常见的负能量有两种，一种是将个人利益置于团队利益之上。一旦出现这种情况，团队成员的心里就只有个人利益，团队的协作与团结精神就会被严重削弱，团队凝聚力就会丧失。将个人利益置于团队利益之上，是团队最大的毁灭性负能量，该负能量一旦出现，就必须及时纠正或消除。

团队的另一种常见负能量是抱怨。抱怨是在碰到问题时，团队成员不是站在团队立场为团队着想，不是积极想办法解决问题，不是积极承担作为团队成员应该承担的责任，而是置身事外，不客观地到处指责他人。抱怨会削弱团队成员的责任心，耗散团队的凝聚力，若不及时根除，会导致团队瓦解。所以，一个团队中如果出现了喜欢抱怨的人，则必须及时清除出团队。

4. 没有一个优秀的团队领头人

团队领头人的智慧、能力和水平，在很大程度上决定了团队的前途和命运。一个优秀的团队领头人至少应具备下面三个条件：

第一，具有超强的个人能力。因为只有能力强的领头人，才能带领团队在竞争中战胜对手，才能给团队成员带来比单干更多的收益，团队才有吸引力，才能发展壮大。

第二，有智慧、有眼光、有领导能力。团队领头人的领导能力主要是决策能力和用人能力，而要具备这种能力，团队领头人就必须有足够的智慧和眼光。

第三，有好的人品。常言道："小胜在智，大胜在德。"团队领头人只有具备善良、真诚和诚信的品质，才能吸引一批有能力且死心塌地的追随者。

对一个团队、一个部门和或一个单位来讲，决定其命运的关键不是团队成员和普通员工，而是团队、部门和单位的领头人。

三、团队负责人与团队成员的利益关联

如果一个团队是民营性质的团队，那团队负责人和团队成员就是

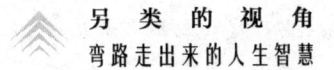

一荣俱荣、一损俱损的关系。

对团队负责人来说，持续获得收益的唯一办法，就是让团队成员持续地获得利益。因为只有这样，团队成员才会更加拼命，自己也才会有更多收益。团队负责人抬高自己地位的最佳途径，就是要想办法抬高团队成员的地位，因为下面兄弟的地位高了，自己的地位自然就水涨船高。

对团队成员来说，保障自己利益的最好办法，就是要保障团队负责人的利益，因为只有让团队负责人不为自己的利益发愁，团队负责人才会有更多精力为大家的利益奔走。团队成员提高自己地位的最佳途径，就是要想办法抬高团队负责人的地位，因为只有让团队负责人的地位得到提升，自己才有可能提高地位。

团队成员要知道，如果团队负责人都灰头土脸，那自己怎么都不会有光彩；团队负责人要明白，如果团队成员都垂头丧气，那自己就不可能有底气。

四、平凡的成员，优秀的团队

团队的力量是团队成员力量的协同组合。这种个体的协同组合，能够产生任何个体都无法产生的效果。所以，一群平凡的人完全可以组成一个非常优秀的团队。一群平凡的人要组成一个优秀的团队，需要满足以下六个条件：

没有完美的个人，只有完美的团队。所以，一群平凡的人也可以组成一个非常优秀的团队。

1. 目标清晰，注重速度

团队作为一个整体，必须有一个共同明确的奋斗目标。有了明确的奋斗目标，团队才不会迷失方向，才能指哪打哪。

当然，除了明确的目标外，团队还必须有速度。21世纪有不少团队就是因为迅速的执行力而抓住了时代命脉，一鸣惊人。例如，滴滴、美图秀秀、映客等，都是洞察到时代发展脉搏，团队迅速下手执行，拓展业务，从而一跃成为行业龙头。

所以，对于团队来讲，光有洞察力和目标是不够的，还必须有速度。只有迅速抓住机会，才能脱颖而出。所以，一个优秀的团队也一定是一个注重速度的团队。

2. 善于学习，搭配合理

优秀的团队，必须是一个爱学习和会学习的团队。即团队能通过学习使自己更具智慧，获得更开阔的视野，具备更强的解决问题的能力，从而在不知不觉中把对手远远甩在身后。

优秀的团队，一定是一个搭配合理的团队。优秀团队建设和搭配的基本原则是横向要互补、纵向有层次。

所谓横向要互补，是指同一层级的团队成员必须互补，即团队成员中要有懂战略的、懂技术的、懂市场的，还要有活动能力强的等。如果单是几个同质化的专业技术人员去创业，则这种情况是很难成功的。

所谓纵向有层次，是指团队成员要有高层次的、中层次的和低层次的这种搭配。就像医院的科室一样，有主任医师、副主任医师、医师、助理医师、护士和服务人员等。团队只有做到横向有互补、纵向有层次，才能高质量和高效率地推动工作。

实际上，一个优秀团队的形成至少需要 2~3 年时间。需要这么长时间才能形成一个优秀团队的原因有三个：一是团队成员之间的相互了解需要时间；二是团队成员之间的磨合需要时间；三是淘汰不适合成员和引进新成员的团队调整需要时间。

3. 团结互信，互相支持

相互信任和相互支持对团队的重要性不言而喻。但需要指出的是，团队成员之间的相互信任和相互支持必须是 100% 的，因为 90% 的信任和支持都有可能导致在关键时刻过不了坎，前功尽弃。

笔者的一个朋友在创业初期，由于发生意外情况，导致公司出现了 300 多万元的资金缺口。其实，这 300 多万元对公司来说并不是大问题，因为公司有十几个股东，只要大家心齐，完全有能力筹集到足够的资金让公司渡过难关并迅速发展。但由于一部分股东对笔者朋友的信心和支持不够，不愿意尽力筹钱，致使公司停滞了三年多，造成了巨大损失。

战国时期的齐、楚、燕、韩、赵、魏六国合作抗秦失败，就是一个团队不合作的典型例子。六国在面对秦国威胁的时候，想的不是合纵抗秦的大事，而是各自打各自的小算盘，想的不是如何遏制秦国扩张，而是如何利用局势削弱他国保存自己，甚至不惜让潜在的同盟国付出沉重代价来保全自己，导致六国最终被秦国一一灭掉。

所以，真正的团队应该是在相互关心、相互支持中为共同的目标打拼奋斗，真正的团队是团队成员都明白这样一个道理，那就是要成就一件大事，需要各种力量来推动，只有一枚助推器的火箭冲不出大气层。

4. 奖罚分明，制度管人

合适的奖罚制度是保障团队成员积极性、创造性的根本。团队制定的奖罚措施一定要合理公平，因为一个不合理、不公平的奖罚制度不但起不了作用，反而会起反作用，给团队带来灾难。

激励和处罚要有足够的力度，对有突出贡献的人要予以重奖，对造成重大损失的人要予以重罚。要走出处罚是消极措施的认识误区，要明白处罚也是一种激励机制，只是它的激励方向与奖励相反，是一种逆向的激励措施。

除了奖罚制度外，还要制定完善的管理制度。要知道，人一旦没了制度约束，就会出问题。而如果出问题时不依制度处理，则会出更大的问题。

5. 理念相近，具备狼性

人民公社时期的生产队也是一个团队，但为什么这种团队没有任何凝聚力？其根本原因在于大家的理念不一样。即所谓道不同，不相为谋。

无数实践证明，理念相差很大的人是不可能组成团队的；精于个人利益的人是不会有团队精神的，是不可能与他人同甘共苦、肝胆相照的。

一个优秀的团队，应该具有狼性。狼性团队对工作和事业有"贪性"，会永无止境地拼搏和探索；狼性团队对工作中的困难有"残性"，会毫不留情地逐个消灭；狼

> **共同的事业**
>
> 什么是肝胆相照？肝胆相照就是理念的相互吸引，就是价值观的相互认同，就是基于相同理念和价值观的荣辱与共。

性团队有"野性",渴望去市场拼杀,渴望开拓更大的事业,有不要命的拼搏精神;当狼性团队处于工作逆境时,团队的"暴性"便浮现出来,团队成员会粗暴地对待一切工作中的难关,让自己过关。

6. 有一个有本事的团队领头人

一只羊带领 100 头狮子,就会成为 101 只羊;一头狮子带领 100 只羊,就会成为 101 头狮子。团队负责人的能力和水平,决定了一个团队的前途和命运。

经常有领导说自己的单位缺人才。其实,缺人才只是表面现象,所有单位的所谓缺人才问题,其实都不是单位的人不行,是单位内部的组织架构和沟通机制有问题,是单位的一把手不会用人,是单位的一把手没有培养和吸引优秀人才的能力。说到底,就是单位的一把手不行。

马云、任正非为什么不缺人才,因为他们自己就是非常厉害的人才,那些跟着他们干的人,都成了人才。所以,一个缺人才的单位,其实不是缺人才,是缺一个有本事的领导。

五、团队建设的两个阶段

一般来说,团队的建设过程可分为团队有了灵魂人物之前和有了灵魂人物之后两个阶段。团队的内部生态在这两个阶段是有很大差别的。

在团队有了灵魂人物之前,由于团队组建的时间还比较短,团队成员之间了解不够,团队成员更多的是相信自己。这时,大家表决时的投票基本上都是基于自己对事的判断,而不是对人的认可,团队通过的决策支持率也往往不高。在这个阶段，由于没能充分了解团队成员的能力和优缺点，所以不少团队成员的角色安排并不合适，团队决策失误也相对较多。

在团队有了灵魂人物之后，由于团队的组建时间已经较长，团队成员对彼此的能力和优缺点有了充分了解，此时团队成员的角色安排就变得比较合理，大家投票表决时更多是基于对人的认可，不再是基于自己对事的判断。由于团队灵魂人物的智慧和能力得到了充分检验，成了团队的绝对权威，此时团队通过的决策支持率会很高。到了这个阶段，团队才真正开始走向正规，才真正开始进入快速发展的阶段。

六、平台与个人之间的影响关系

一般来讲，影响一个人命运的最主要因素有三个，分别是自身能力、家庭出身和所在平台。这三个因素对一个人的影响程度，又与这个人的优秀程度有关。如果这个人非常优秀，那么其影响顺序就是，自身能力＞家庭出身＞所在平台；如果这个人不是非常优秀，那么其影响顺序就是，家庭出身＞所在平台＞自身能力。可见，平台对个人的发展和命运是有很大影响的。

1. 平台对个人的影响

一个不入流高校的教授，不管是纵向还是横向课题，都不容易拿到，而一个一流高校的副教授，都可以有花不完的经费。所以，一个人站在什么层次的平台，很大程度上决定了这个人的前途和命运。平台对个人的影响是非常大的，甚至曾经在什么样的平台呆过，对自己都有重大影响。

另类的视角
弯路走出来的人生智慧

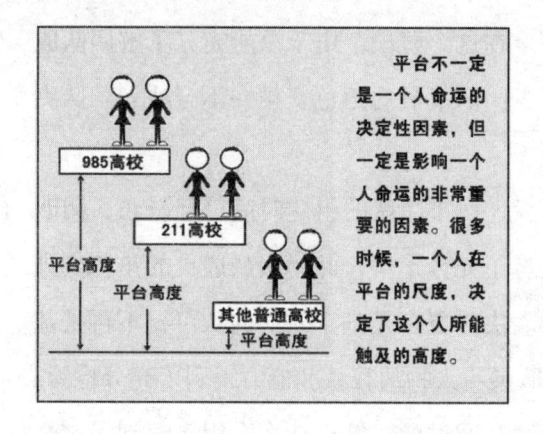

美国小提琴大师 Joshua Bell 曾做过这样一个实验：他自己默默来到华盛顿特区的地铁站，在 45 分钟的时间里演奏了 6 个经典作品。但结果是只有 6 个人停下来听了一会儿他的演奏，约 20 个人给了他钱后就走了，他一共得到了 32 美元，而他的那把小提琴价值高达 350 万美元。在他演奏完的时候，没有人鼓掌，没有一个人认出他是世界上最优秀的音乐家之一。而三天前，他在波士顿交响音乐厅的演出，票价不低于 100 美元。这个故事告诉我们，如果平台不好，再好的东西也很难被认可。

事实证明，一个从一流高校毕业的人，如果去卖猪肉，就会成为新闻并因此改变命运。而一个不入流高校的毕业生，即使陷入绝境，也不会有人关注；即使去卖肾，也很难成为新闻。所以，能否站上一个好的平台，对一个人至关重要。一个好的平台虽然无法确保一个能力不强的人飞黄腾达，但可以阻止一个能力较弱的人掉入谷底。

2. 个人对平台的影响

个人对平台有什么样的影响，取决于这个平台是一个好平台还是差平台，取决于这个平台是处于上升状态还是下滑状态。

（1）平台上的人对平台的影响。通常情况下，平台上的人与平台之间只有相互加分和相互减分两种关系。这里的相互加分和相互减分，是指平台上的人与平台之间的整体关系，而不是个案情形。

① 平台与个人之间的相互加分和相互促进关系。如果平台是一

第八章 平台、团队与个人

高层次、有影响力的平台，这时，平台就能吸引优秀的人才。这些优秀的人因为得到平台的优质资源和影响力支持，就会变得更加优秀、更具影响力和更容易功成名就。而平台上大比例的人优秀和功成名就，反过来又会进一步提升平台的影响力，形成一种相互加分和相互促进的关系。

如果平台不是一个高层次的平台，但平台处于较快的上升状态，这时，平台与平台上的人也是一种相互加分的关系。因为一个快速上升的平台吸引进来的新人会比原来的人优秀，这样，平台的影响力就会得到提升，而平台影响力的提升反过来又会吸引更优秀的人，从而形成平台与个人之间相互促进的良性循环。

② 平台与个人之间的相互减分和相互伤害关系。如果平台是一个低层次、没有影响力的平台，这时，来到平台的人就是相对较差的人。由于差平台没法给这些较差的人资源和光环，所以，平台上的人就难以变得优秀，就难以取得成功。这样，平台上的人的水平、层次和影响力就会相对较差，平台上的人就很难有能力提升平台的影响力，只能使平台的名声更差，形成一种相互减分的关系。

还有一种情况也会导致平台与平台上的人之间形成相互减分的关系，那就是这个平台处于快速下滑状态。由于平台处于快速下滑状态，优秀人才就会从平台流失，又由于平台越来越差，来平台的人也会相对越来越差。这样，就会导致平台变得更差，形成平台与平台上的人相互减分的恶性循环。

（2）从平台走出的人对平台的影响。

① 从高层次平台走出的人对平台的影响。一个高层次的平台能把优秀的人吸引过来，让这些优秀的人得到高水平和高质量的培养与锻炼，使他们更加优秀。这些人从平台走出去后，由于拥有平台的影响

力和资源支持，再加上自己优秀，成功或相对成功的比例就比较高。大量从平台走出来的人取得了成功或相对成功，反过来又能进一步提升平台的影响力，形成一种相互促进关系。即便有个别从平台走出来的人做得相对较差，也不会改变从平台走出来的人对平台的整体提升作用。因为人们会认为，好平台出来的人做得较差是个别现象，而实际情况也的确如此。

②从低层次平台走出来的人对平台的影响。对一个没什么影响力的平台来说，情况就不一样了，因为来到平台的人都是整体相对较差的人。这些相对较差的人在一个软硬件都比较差的平台接受比较差的锻炼和培养，结果就是整体变得相对更差。这些人从平台走出去后，由于没有平台的影响力及资源支持，再加上自己相对较差，结果就是绝大多数人做得较差或相对较差。这样，从平台走出来的人就很难提升平台的影响力，相反，还会对平台产生减分效果。即便有个别做得较好甚至很突出，也会被人们认为是偶然因素，是个人自身努力的结果，与平台没什么关系，而事实上也确实如此。

毛泽东从湖南一师出来，马云从杭州师范毕业，他们让天下人都知道了这两个平台，但这两个平台并没有因此而更具影响力和吸引力。所以，任何期盼通过平台产生几个有影响力的人物来提升平台影响力的想法，都是不可能和不现实的。

提升差平台影响力的唯一办法，就是让平台处于一个快速上升状态，使平台与平台上的人之间形成一种相互加分和相互促进的良性循环。

七、是平台离不开个人，还是个人离不开平台？

在平台处于形成、发展和完善阶段时，平台与团队成员之间是一种相互促进和相互依存的关系。平台给团队成员提供了舞台，团队成员通过拼搏成就了平台。在这个阶段，平台的命运更多取决于团队的灵魂人物，团队灵魂人物的离开对平台的发展影响很大，甚至会导致平台瓦解。这时，平台是离不开团队灵魂人物的。在平台发展成熟后，团队成员更多是依托平台的资源和影响力发挥作用。在这个阶段，平台对团队灵魂人物的依赖性大大下降，平台离开谁都能正常运转。

电视剧《乔家大院》里的孙茂才是一个沦落为乞丐的穷秀才，后来投奔乔家，为乔家的生意立下汗马功劳，享有功臣地位，这使孙茂才变得非常自负。后来，他因欲望膨胀而被赶出了乔家。被赶出乔家后的孙茂才想投奔乔家的对手钱家，钱家对孙茂才说了这样一句话："不是你成就了乔家的生意，是乔家的生意成就了你。"

对在大企业工作的人来说，出去谈合作，别人一听你是某某公司的，就会好好招待。因为平台好，结识的人脉都很优质，时间长了，就会不知不觉地过度自信，以为所有这些都是自己的光环。在真正要离开的时候，才明白之前身上的光亮只是舞台给自己打的灯光，不是自己的自有光芒。当自己从原来公司跳出来创业后才会发现，之前轻易拿到的客户，现在需要努力争取，之前无须费力维持的关系，如今需要如履薄冰地维护。

所以，一个人一定要明白哪些能力是自己的，哪些能力是平台给的。如果有一天自己离开了这个平台，不要忘了向老板说一声谢谢，因为没有曾经的平台，就不会有现在的自己。

第九章

在错误和困难中成长

导　语

　　如果没有足够的耐心和坚强的毅力，就不会屡败屡战，就不会一次次跌倒重来，也就不会有成就大事的那一天。所以，伟大都是撑过来的，伟大都是熬出来的，伟大都是顽强成长起来的。什么是成长？成长就是养分的不断吸收，就是意志的不断磨炼，就是阻力的不断突破。在成长的过程中，不管遇到什么困难，只要不放弃，就没什么能让自己退缩；只要够坚强，就没什么能把自己打垮。那些曾经吃过的苦、受过的气和经历的艰辛，不一定是坏事，很多时候，正是它们让我们变得强大、坚韧和从容。

　　一般意义上，人的成长是指身体、生理和心理方面的成长和成熟。与通常意义上的成长不同，本书所讲的成长，是指人的知识积累、能力提升和智慧升华。

第九章 在错误和困难中成长

一、成长是童年和少年时期的家长陪伴

一个人在童年和少年时期的成长，离不开家长，尤其是父母的陪伴。父母在孩子童年和少年时期的完全缺位，会造成孩子性格和心理的缺失，对孩子的未来会有很大影响。家长是孩子的第一老师，与孩子相处的时间最长。所以，家长陪伴和教育孩子的方式会在很大程度上影响孩子的未来，甚至决定孩子的命运。

榜样是最好的教育方式，所以家长在陪伴孩子时一定要做好榜样。一些家长一方面要孩子长大后孝顺自己，另一方面自己对年老的父母却不闻不问；一方面要孩子不乱扔垃圾，另一方面自己却嫌垃圾桶太远而随处乱扔垃圾；一方面希望孩子能够拼出个锦绣前程，另一方面自己却不求上进。他们不明白，就教育的效果而言，一百次的宣讲也比不上一次行动，榜样才是最好的教育方式。他们不知道，如果家长自己都在混，又凭什么要孩子去拼命努力？如果家长自己都不能安身立命，孩子又如何能出人头地？

优秀的家长，应该是以实际行动来教育孩子怎么为人处世，而不是老讲那些孩子听了就烦的道理；优秀的家长，应该是以朋友和老师的身份陪伴和教育孩子，而不是以父母和长辈的姿态发号施令；优秀的家长，应该是把自己的事情做好，让自己成为孩子认可的榜样，而不是把心思全花在孩子身上。要知道，所有对孩子的过度关爱，都是在对孩子进行伤害。

就孩子的教育结果而言，成功的家长应该是这样的家长：孩子尊重你，不仅仅因为你是父母和长辈，而是孩子超越了亲情，发自内心地对你认可；成功的家长不是把孩子送进了清华北大，而是把他们培养成了具有独立思考能力、具有独立生存能力、具有健全人格的人。

二、成长是养分的不断吸收

　　成长需要养分，而学习是吸取养分的唯一途径。但不是所有的学习都能获得养分，能获得养分的学习只是那些伴随着思考的学习。因为只有思考，才有领悟；只有领悟，才能成长。没有思考，就不能将获取的信息和知识转化为个人的能力和智慧；没有思考，就无法明白事物背后的本质和规律，就无法学以致用，无法快速成长。

　　因此，只有伴随着思考的学习，才能吸收到成长的养分。例如，如果认真思考鼓掌这个再寻常不过的事情，你就会发现鼓掌的原因有五种：第一种是确实值得鼓掌，这时的鼓掌是发自内心的。第二种是虽不值得鼓掌，但出于鼓励的目的，还是鼓了掌。第三种是不值得鼓掌，但抱有给对方鼓掌可以获取对方好感，有助于将来从对方那里获得利益的心态鼓掌。第四种是不值得鼓掌，也不期望从对方那里获得好处，但害怕不鼓掌会导致对方将来为难自己，所以不得不鼓掌，尤其是在摄像头面前和对方看得到自己的时候，鼓掌就变得不可避免。第五种是出于从众心理，看到别人都在鼓掌，所以也就跟着鼓掌。

　　从鼓掌的表情、速度和掌声大小来看，如果是第一种和第三种鼓掌，就会出现带头鼓掌和掌声响亮，且往往伴有激动的表情。这其中，认同鼓掌的激动表情是真实的，想从对方那里获取利益的激动表情则是装出来的，是做给对方看的。对于第四种鼓掌，掌声往往不大，甚至只有动作，没有掌声。只有动作，没有掌声，是因为鼓掌的人知道对方只能看到自己鼓掌的动作，无法判别自己掌声的大小，所以，只要有形体动作就行。对于第五种鼓掌，基本上就是应付，鼓掌时可能有点掌声，也可能一点都没有。如果通过思考明白了这些道理，你就能正确认识别人给你的鼓掌，以及你应该如何为别人鼓掌。这样，你自己就是在成长。

最快的营养吸收途径是向优秀者和成功人士学习。优秀者和成功人士能够从人群中脱颖而出，说明他们比普通人明白了更多的道理。他们的成功说明他们明白的道理是经受了实践检验的，是行得通的，是可以直接转化为自身营养的，所以要向他们学习。

另外，在与别人交往的过程中，要尽可能多听少讲，尤其是在自己还不够优秀的时候。要明白，听是吸取营养，讲是展示自我。人们常说"沉默是金"，意指不常说话的人更容易成功。为什么不常说话的人更容易成功？因为不常说话的人把时间更多地花在了倾听、学习和思考上，从而使自己比普通人更优秀。

三、成长是在逆境中的不断磨炼

人的成长不可能一帆风顺，遭遇逆境和失败在所难免。拿创业来说，创业的成功是极其偶然的，失败却是常见的。在中国可以活过三年的企业不到10%。即便是在美国，活过五年的企业也只有20%，能活过十年的企业只有4%。所以，一次创业成功的可能性很小，绝大多数创业企业的成功都是连续创业的结果。

因此，遭遇逆境时，一定要正确面对，把逆境当作成长的一种磨炼，让逆境激发出自己的潜力，使自己变得坚强和坚韧，并在逆境中有所作为。屈原在颠沛流离之下写成了《离骚》，贝多芬在双耳失聪后创作了不朽的《命运交响曲》，奥斯特洛夫斯基在身患重疾之后写出了世界名著《钢铁是怎样炼成的》，这些都是逆境中有所作为的典范。

NBA球星乔丹说过，他15年的篮球生涯，有超过9000个球没投进，输了300多场球赛，没投进26个致胜球。但因为输得多，所以他非常

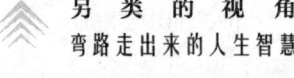

成功。可见，失败是一种学习经历，它可以成为一个人的墓碑，也可以成为一个人走向成功的垫脚石。失败是成为墓碑还是成为走向成功的垫脚石，取决于一个人面对失败的态度。

其实，人都有坚强和脆弱的两面。世上没有不会脆弱的坚强，也很少有不会坚强的脆弱。坚强之人之所以偶尔脆弱，是因为他们坚强了太久；脆弱之人之所以也会坚强，是因为他们没了继续脆弱的条件。人虽然无法做到只坚强、不脆弱，但可以让自己做到在什么时候坚强、在什么时候脆弱。失败者在逆境中选择了脆弱，而成功者则相反，他们把自己的坚强放在了逆境，把脆弱留给了顺境，他们让自己的脆弱在顺境中释放，让自己的坚强在逆境中克服困难。

这世上的所有成功都来之不易，所有成功都源自从一而终的追求和持久不变的努力，是无数痛苦和付出的结果。这个世界没有轻松容易的事情，所有从容不迫的背后，都有外人看不到的狼狈、慌张和焦虑；所有无限风光的人生背后，都是无数的沮丧和黯淡。

四、成长是在错误中的不断成熟

人非圣贤，孰能无过。人在成长过程中是会犯很多错误的，对小孩子来说，更是如此。因为在孩子年龄尚小时，明白的道理相对较少，所以犯的错就会较多。家长要明白，太在意小孩犯错，反而不利于孩子的成长。如果家长因怕孩子犯错，就一次次否定和制止孩子的行为与想法，则会使孩子渐渐变得不敢尝试，不敢心怀梦想。这样，在他的世界里，就只有风险和障碍，自己所想的都是不现实和做不到的。于是他不再指望自己成功，就算成功唾手可得。这时，他看起来很乖，不做非分之事，没有非分之想，你以为他很成功，但实际上他已经远离了成功，一辈子都难有作为。而你可能一生都不会知道，这一切都是你对孩子"好"的结果。

笔者一个朋友的儿子大学毕业后进入了一个体制内的工作岗位，在快满一年转正时，朋友的儿子却辞了职，说是要到外面去闯一闯。朋友和他爱人看儿子态度坚决，也只好依了儿子。一年后，朋友打电话说他儿子陷入了传销，一年来把家里搞得鸡犬不宁，甚至父子反目，想请笔者去做他儿子的工作。为此笔者和他儿子聊了一上午，朋友看笔者无法说服他儿子，很是失望。笔者则跟朋友说，你儿子现在已走火入魔，你不要再强行阻拦，否则会无法收场。同时也安慰朋友说，不要太难过，人都是在错误中成长的，既然劝不回头，就由他去，这世上没有人是能做一辈子传销的，他做两年三年传销后就会自然醒悟。一年后，朋友打电话告知他儿子已经回来，并准备重新报考体制内的工作岗位。目前，朋友的儿子已在体制内工作，而且还干得不错。

其实，人的一生都在不断地犯错误。按 70 年寿命和每天有 2 件事情要做决定计算，如果普通人的正确率为 70%，那人一辈子就会犯 15330 个错误。据发表在英国《太阳报》上的一项针对成年人的调查显示，英国人平均一生中要犯 6 个重大错误，并会为其中的 4 个悔恨终身。所以，人对事物的认识是在不断犯错中纠正的，人是从错误中学习和在错误中成长的。哲学家黑格尔说过："错误本身乃是达到真理的一个必然环节。"所以，错误并不可怕，因为它是正确的先导，是通向成功的阶梯。

对一个人来说，感情上失恋一次，事业上失败一次，选择上失误一次，才能真正长大。在这个世界，任何人都不可能始终顺利，也正因为世上有太多的无奈和失败，追求成功和卓越才变得魅力十足。

五、成长是在困难中的不断前进

人的一生就是一个不断遭遇困难和不断克服困难的过程。一个人在遭遇困难时，是需要自己克服的，也只有这样，自己才能成长。就像孵化小鸡一样，小鸡必须自己破壳而出，人为把蛋壳弄破让小鸡出来，小鸡就会死掉。

实际上，困难都是伴随机遇的，每一个困难的背后都是一个机会。历史上划时代意义的重大变革，无一不是在解决前人遗留的巨大困难后取得的。历史上的伟人，也都是在饱经困难和磨砺之后才成就一番伟业的。如果你发现你的单位和工作有一堆毛病，你不要失望和逃避，那正是锻炼和提升你能力的素材，是你上升的阶梯，是你脱颖而出的好机会。

实践证明，解决了一个困难，自己的能力就会得到一次提升，就具备了解决更大困难的能力。为什么好企业都是熬出来的？为什么有些小企业开始时很艰难，但最终却成了大企业，甚至伟大的企业？因为这些企业经历了艰难，所以变得坚韧；因为变得坚韧，所以能克服困难；因为能克服困难，所以能发展壮大。

有些人在工作遇到困难和不如意时就想换工作，以为换了工作，问题就都会解决。殊不知，如果换工作是因为不能克服工作中遇到的种种问题，那自己的下一份工作依然会很难，工作也很难做久。一个人要想在职场做得舒服，就必须应对最难应对的同事，解决最难解决的问题，努力把自己磨炼成一个优秀的人。

所以，在任何时候，任何人都不要因为困难而轻易退缩，因为在困难面前退缩虽然可以避免克服困难时所承受的短暂艰苦，但也会因错失困难背后的美丽和收获，使自己在将来长久失落。要知

> 坚持一下容易，长时间坚持不容易。所以，要收获大的成果，就必须学会在不容易中坚持和坚守。

道，一个人在遭遇困难时，坚持，所承受的痛苦只是一阵子；放弃，所产生的后悔却是一辈子。为了不让自己后悔一辈子，在做任何事情的时候，都不要轻易在遭遇困难时不再坚守。

人生就是爬山，通往山顶的路永远都不会轻松。所以，如果有一天，你觉得真的好难，不要因此就否定自己，因为艰难是生活的常态。要知道，经历艰难，就是体验风景；跨越艰难，就是收获成就。在人生的道路上，累了，就歇一歇；走不动了，就停一停；难过了，就哭一场，然后重新上路。这世上有很多人跟你一样，虽然很累，却仍然一步步前行。

六、成长是在绝望中获得新生

1. 绝境让人毁灭

面对绝境，任何人都会饱受痛苦的煎熬，忍受非人的折磨。回望历史，多少名人在面对绝境时，因没勇气正视，没毅力抗争，最终在绝境中毁灭了自己。

屈原是战国时期楚国的诗人、政治家。他想救国救民，有过抗争，却未得到重用。他与贵族子兰、靳尚等进行斗争，屡遭谗言，后被放逐。面对人生仕途无望和国家在腐朽势力统治下日益黑暗的绝境，他选择了在汨罗江毁灭自己。

据统计，全球15~44岁的人死亡的三大原因之一是自杀，为什么这么多人自杀？因为他们面对挫折和绝境时，身心已无法承受，只能采取毁灭的方式来解脱自己。

2. 绝境让人获得新生

巴尔扎克说过："绝境，是天才的进身之阶，信徒的洗礼之水，能人的无价之宝，弱者的无底之渊。"是在绝境中毁灭，还是在绝境中新生，取决于自己是否有毅力、勇气、信仰和智慧。

老鹰在四十岁时老化，此时，要么艰难地更新器官和功能，要么等死。老鹰选择了前者，选择了改变自己，让自己得以重生，使自己可以活到七十岁，成为世上寿命最长的鸟。所以，绝望不可怕，可怕的是面对绝望时失去了勇气和激情，最终在绝望中毁灭。

英雄和平凡人的区别在于，英雄在逆境中坚持而抓住了逆境背后的机会，在绝境中坚强而收获了绝境后面的奇迹。而平凡人则相反，他们在逆境中选择了随波逐流，在绝境中选择了毁灭放弃。所以，成功者并不是天生就比失败者强，而是在逆境或者绝境中比失败者多坚持了一分钟，多走了一步路，多思考了一个问题。

成熟在逆境，醒悟在绝境，绝境是一个人错误想法的结束，是一个人选择正确做法的开始。如果在绝境中不放弃，那绝境就能促使自己对人生进行深层的思考，使自己在绝境中醒悟。所以，绝境是一次转折、一次醒悟和一次升华。绝望之时，便是新生之始，绝望越彻底，新生就越迅速。

七、成长需要积累，收获需要时间

成长需要积累，收获需要时间，不要因为一时还得不到自己想要的收获而放弃努力。就像春天播种，秋天才能收获一样，从营养吸收到产生成效是需要一段时间的。要明白，你的现状是5年前、10年前你学习、思考和选择的结果。同样，你今天的学习、思考和选择，决定了你5年后、10年后会是什么样子。

只有量变积累到一定程度，才会产生质的变化。由于量变默默无闻，质变惊天动地，所以，对于事物的变化，人们就只能看见质变时的那一小段过程，看不到质变前量的长久积累。这也是人们总觉得别人的成功好像都比较容易，自己却那么艰难的原因。从难易的角度看，量变是需要大量付出的，是艰难和漫长的，质变则是水到渠成的，是轻松和短暂的。所以，不论做任何事，只有经历艰苦的量变积累，才会有幸福的质变收获；只有经过量变积累时的非常努力，才有质变收获时的毫不费力。

笔者的一个朋友正在创业，一些人会不时地问笔者朋友创办的企业什么时候成功。笔者朋友对他们说，建一个平房只需两三个月，建一栋大楼需要两年三年，建一座城市需要二三十年。什么时候实现自己的目标，取决于你的目标是什么，取决于你的目标是大还是小。你的目标越大，需要的时间就越长。

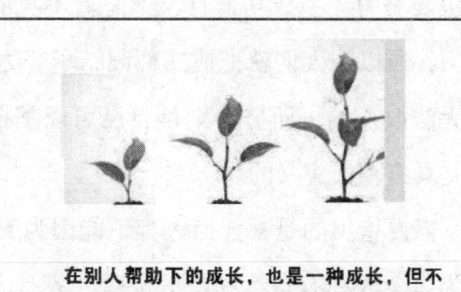

> 在别人帮助下的成长，也是一种成长，但不是可以持续和能够成就伟大的成长。可以持续和成就伟大的成长，是来自内生动力的成长。

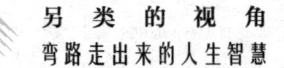

成长是从弱到强、由小到大的过程。所以,任何人都不要因为自己现在太小和太弱就失去信心。要知道,微软是诞生在一家旅馆,苹果是在自家车库创立,阿里巴巴是在一间民宅创建。所有的成长都是一个积累的过程,一开始就大,很难成为伟大。伟大都是从弱小开始的,伟大都是积累的结果,伟大都是熬出来的。

八、天赋、努力与成长高度

1. 天赋是入行的门槛和成长的天花板

天赋在伟大的成功中起决定性作用,勤奋起辅助性作用。古人云,"朽木不可雕也",就是强调天赋的重要性。在某些领域,天赋占有非常重要的地位。譬如一个好的歌唱家,除了需要勤奋外,还必须有良好的天赋条件。所以,从某种角度讲,精英是与生俱来的,是无法通过后天学习培育造就的。训练只能把一个人与生俱来的潜力发挥出来,不可能练出本身不具有的天赋。否定天赋的重要性,是绝对荒唐的事情。

为什么人们喜欢夸大努力而忽视天赋的重要性呢?因为有天赋的人也要努力才能成功,且天赋是看不见的,看得见的只是成功人士的努力,所以,人们就把成功都归结于努力了。另外,天赋是父母给的,是无法改变的,而努力则是自己可以掌控的,所以,强调努力的重要性是具有积极意义的。

需要指出的是,任何人都不能因为天赋具有决定性的作用而沮丧,因为每个人都有自己独特的天赋,只是人们没办法知道自己的天赋在哪个方面。实际上,正因为人们不知道自己的天赋在哪里,导致绝大多数人都没能将自己的努力放在自己的天赋上,使得努力的结果不如人意,从而误以为自己没有天赋。其实,"天生我材必有用"这句话是对的,但遗憾的是,很多人一生都没能明白自己是什么"材",从而使自己的"有用"大打折扣。

当然,即使是有天赋的人,也要通过后天的努力才能把天赋变为成就。菲尔普斯是一个极具游泳天赋的人,为了成为最优秀的运动员,他每天泡在泳池里七八个小时,一年几乎365天都在训练。菲尔普斯以极大的毅力,克服了枯燥单调的训练、潮湿压抑的空气、周而复始的动作和单一不变的场景等困难,最终在超出常人的努力下,创造了泳坛传奇。

2. 后天努力可以让自己接近自己的天花板

天赋决定成就上限,勤奋决定成就下限。大多数人认为天赋就是能力,但实际上,天赋只代表一种潜力,天赋加努力才能变成能力。也就是说,能力取决于天赋和后天的刻意练习。天赋能让一个人在相同的起点上比他人更快成长,但光有天赋而不努力也无法收获成就。相反,若天赋不是很好,但后天勤奋,善于学习,也同样能取得巨大的成就。

天赋稍差但通过努力取得卓越成就的人比比皆是。例如,少年时期的曾国藩十分愚笨,盛夏的一个晚上,一个小偷来到他的书房,正在翻箱倒柜找东西,恰好这时曾国藩从私塾回来,小偷听见脚步声,赶紧藏到床底下。曾国藩推门进来,开始复习当天学过的内容,虽然只是一篇不长的文章,但他怎么也背不下来。虽然已是后半夜,但他还是不睡,反复洗脸,然后回到座位又接着背诵文章。这可苦了床底下的小偷,小偷本想等曾国藩学一会儿睡觉后,出来再拿点东西,然后走人。但是,听曾国藩读文章的劲头,好像这晚不睡了。小偷耐着性子,听曾国藩又

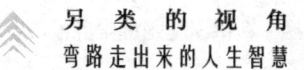

读那篇文章几百遍还是背不下来之后，实在控制不住了，就从床底下爬出来，走到曾国藩面前，拿过曾国藩手中的书摔在地上，吼道："就你这么笨，还读什么书，我在床底下都听会了。"说完很流利地把曾国藩背了大半夜还没有背下来的那篇文章，一字不差地背诵下来，然后扬长而去。曾国藩看着小偷，羞愧难当。但就是曾国藩这样一个智商普通的人，经过自己的不懈努力，最终取得了巨大成功。

这是一个竞争的世界，所有竞争的胜者都是最先到达终点的人。就像龟兔比赛最终乌龟取得胜利一样，这世界不关心谁跑得快，它只关心谁跑得远，谁最先跑到终点。

3. 谁也不知道自己的天花板有多高

一个人不论做什么事，谁都没办法知道他会做到什么程度。如果一个人能成为比尔·盖茨、爱因斯坦或诺贝尔奖得主之类的人，说明他很有天赋。但如果只是个普通人，也不能说他就没天赋。一个人奋斗了很多年也没有杰出的成就，不能由此就断定他的天赋不行，有可能他是大器晚成，还需要更长时间的努力。即便是一辈子不成器，也不能说这个人没天赋，可能是他的运气不好、努力不够或者没有把努力放在自己的天赋上等。所以，任何人都不能以自己的天赋不好为由放弃努力，因为只有努力了，才知道自己有没有这方面的天赋。

人，不要因为怀疑自己的天赋而放弃努力。实际上，只要够努力，任何个体都可以成为闪闪发光的人。

九、所有对工作与事业的厌倦和不再有新鲜感，都是因为自己停止了成长

成长，意味着自己的收获是在不断增长，自己的工作和事业都是在朝好的方向发展。这种不断成长，能够让自己始终感受到新鲜感和成就感。所以，所有对工作与事业的厌倦和不再有新鲜感，都是因为自己停止了成长，或者是虽然在成长，但成长的速度太慢，无法满足自己的欲望。

例如，小李是政府部门的一名公务员，刚当上科长的时候，小李非常兴奋，工作非常努力，希望能做出点成绩让自己继续上升。但十多年过去，除了年龄变大、工资随大流有点上涨外，其他的什么都没变。无聊的工作一天天重复，科长的职务也没能再往上挪动，这导致除了刚开始的那几年外，小李对工作完全变得厌倦。

刚开始时小李工作为什么开心和快乐？因为刚开始时，小李除了对这个工作充满新鲜感外，还能切身感受到自己的进步和成长。为什么小李后来会厌倦工作？因为小李是在不停地重复着相同的工作，工作不再有一点新鲜感，小李没能再收获自己想要的那份成长。

因此，对一个人来说，只要停止了成长，或者成长得太慢，就会让自己无法获得新鲜感，自己就不会有成就感。在这种情况下，即便是当初最感兴趣和最心仪的工作，也会让自己变得厌倦。

所以，从本质上讲，所有对工作与事业的厌倦，都是因为没能获得自己想要的那份成长。

第十章

共性规律的指导局限与企业创新

导 语

教科书只强调了共性对个性的指导作用，但对自然科学以外的共性指导作用的局限性，却很少提及。很多时候，恰恰是这些很少提及的局限性，对个人的成长和发展至关重要，影响深远。很多时候，与教科书所讲不一样的是，对个体和企业而言，差异比共性更具价值，更具指导意义。

个性是个别事物的特有属性，共性是一类事物的共同属性。共性是规律的表现形式，世界上的任何事物，只要分门别类，都可以找到它们的共性。在现实中，人们通过对个别事物的认识，归纳和概

Macroeconomics
宏观经济学

如果让宏观经济学家去经营企业，企业基本上都会死掉。为什么？因为宏观经济学家研究的都是从大量企业中总结出来的、并非100%正确的共性，而企业的生存和发展靠的却是差异和个性。

括出共性，再用共性指导个性和实践。

共性对个性确实具有一定的指导作用，但不能回避的是，有的时候，自然科学以外的共性根本没法指导个性，没法指导实践，或者说会指导出非常糟糕的结果。

一、共性规律指导作用的局限性

自然科学共性规律的指导作用是毋庸置疑的，但自然科学以外的共性规律的指导作用是有局限性的，但这种局限性不论是在教科书还是在社会上都很少提及。很多时候，恰恰是这些很少提及的局限性，对个人至关重要，它能让一个人少犯关键错误，取得卓越成就。

一个人，如果只明白了大家都明白的道理，那他只是一个普通人；一个人，只有领悟了大多数人不明白的道理，他才是一个优秀和杰出的人。所以，我们有必要搞清楚这些很少提及的共性指导作用的局限性，避免犯不必要的错误。

共性规律对实践的指导作用的局限性，主要由以下三个原因造成：

1. 共性规律的正确性会因时空不同而反转

即便是经检验正确的共性规律，也会因时空的不同而反转。例如，数千年的历史变迁中，中国人的审美观就是不断变化的，每个历史时期，对美女的评判标准不尽相同。春秋战国时期，人们注重女性面部形象，"柔弱细腻"的女人被称为美女。汉朝时期，秀外慧中的女性得到人们的认可，人们对女性更强调道德，表现出以德为美的倾向。唐朝时期，女子以胖为美。宋元时期，人们对美女的标准是削肩、平胸、柳腰和纤足，"三寸金莲"成了对女性美的基本要求。

因此，把西施、貂蝉、王昭君和杨贵妃这四大古代美女放在今天，也许我们不会认同，毕竟不同时代有着不同的审美标准。可见，共性规律在一个时间或环境下是对的，在另一个时间或环境下有可能就是错的。"橘生淮南则为橘，生于淮北则为枳"讲的就是这个道理。由于没有时空环境完全一样的两个事物，所以也就无法保证同一个共性对两个不同的个性有同样的指导作用。

2. 社会科学领域的共性规律无法达到100%的正确

自然规律具有客观性、确定性、精确性和重复性。社会规律则不同，社会科学自始至终都贯彻着人的意志和思想，没有纯粹的客观性、有序性、必然性和确定性。自然科学领域的共性规律如果正确的话，它的正确率是100%的。例如，盐是咸的这个共性是100%正确的，不会有中国的盐是咸的，美国的盐是苦的。但社会科学就不一样了，社会科学的共性规律基本上都是统计和归纳出来的，它不是100%的正确。既然一个共性规律不是100%的正确，那它对实践的指导作用就会大打折扣，或者说它对某些个体根本就没法指导。

例如，男人喜欢苗条女生是一个普遍规律，但这个规律却又不是100%的正确，因为有的男生就喜欢比较丰满甚至肥胖的女生。

又如，婚姻中的"门当户对"是有其合理性的，因为门当户对的两个人才会拥有更多相近的生活习惯、更多相近的观念和想法，生活才有更多的共同语言，婚姻才有持久的生命力。所以，门当户对的婚姻观念总体上是符合社会现实的，其正确率可达70%~80%。

再如，女儿谈恋爱时，如果父母不看好未来的女婿，女儿不听父母意见而与父母不看好的人结婚，这种婚姻有70%~80%是不会有好结果的。

以上男人喜欢苗条女生、门当户对的婚姻才幸福和父母不看好的婚姻不会幸福，其正确率都达到了 70%~80%，是一个普遍规律，对社会具有普遍的指导作用。但对个人来说，如果自己是属于规律不能适用的那 20%~30%，那这个 70%~80% 的正确率对自己来说就是 100% 的错误。这时，这个具有普遍指导作用的规律对自己来说就没有指导价值，这就是社会科学指导实践的局限性。

3. 共性无法指导个性的全部，且很多时候差异比共性更具指导价值

共性是从个性中概括出来的，共性只是个性的一部分，所以共性只能指导个体中共性的那一部分。但个体中的共性与其他部分是一个整体，是无法分割的。所以，共性无法做到对个体中的共性部分进行孤立指导，无法避免牵一发而动全身。这导致共性对个性的指导作用大打折扣，甚至无法指导。

另外，对个体和企业来说，自己的价值更多取决于个性和差异，而不是共性。例如，我们喜欢与众不同，我们卖产品的时候都会强调自己产品的特色，强调与其他产品的差别和优势。这种个性彰显价值的现实，很多时候会导致最具普遍性的规律反而往往没什么价值。又如，大家都明白的大道理对经营公司是没什么价值的，大多数人知道和认可的商业模式是无法做出大公司的。

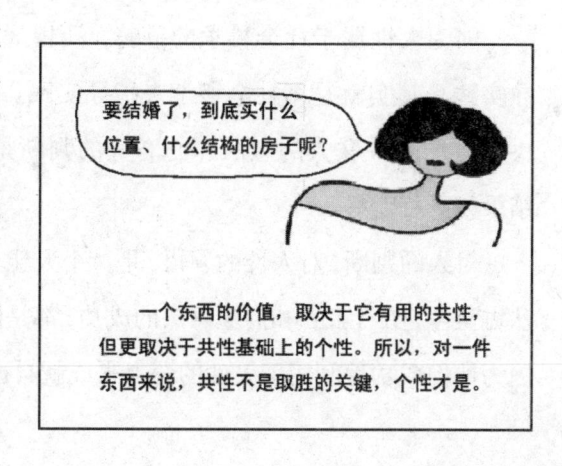

> 要结婚了，到底买什么位置、什么结构的房子呢？
>
> 一个东西的价值，取决于它有用的共性，但更取决于共性基础上的个性。所以，对一件东西来说，共性不是取胜的关键，个性才是。

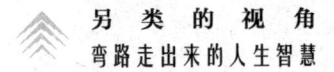

二、现实社会中的三种实践指导方式

1. 用自己掌握的自然科学规律指导实践

在现实生活中，人们主要是通过三种方式来指导实践的。第一种也是用得最多的，就是自然科学的规律。有人可能会问，有些人从来就没上过学，怎么有能力用自然科学规律来指导实践呢？其实，除了通过书本学习外，还可以通过实践或者别人告知这两条途径来掌握自然科学的知识和规律。实际上，在现实生活中，为了方便自然科学规律的运用和指导，人们已经将自然科学方面的规律简化成了便于应用的常识。例如，水往低处流、用水灭火等，都是将自然科学规律变成了常识而应用于实践的具体事例。

2. 用自己领悟的人性规律指导实践

人们指导实践的第二个办法，就是运用自己领悟的人性规律。一个人对人性的领悟有三种途径：一是从书本上学；二是听别人讲；三是自己从实践中感悟。

因为人性属于社会科学的范畴，所以通过对人性规律的了解来指导实践，其实就是用社会科学来指导实践。实践指导效果的好坏，取决于自己对关联人的想法和心态等的判断是否正确，如果判断错了，结果就不可能好。

对人的判断，对人性的领悟，是一个人能否有所作为的最重要能力。从古至今，所有王者和商业巨头的成功，都是因为他们能深刻领悟人性，因为他们成功地利用了人性的弱点来成就自己。

3. 凭经验和感觉指导实践

人们指导实践的第三个办法就是凭经验和感觉。经验是人们在实践中积累出来的，具有一定的价值。凭经验和感觉做决策的速度最快，因为它省去了分析、思考和验证需要花费的时间。一个人获得的经验有三种情况：一是这些经验是正确的自然规律，这种情况下，用经验来指导实践就不会有问题；二是获得的经验是属于社会科学领域的，由于社会科学只是相对正确的，所以单凭经验来指导实践，就有可能会出问题；三是自己获得的经验是错误的，这种情况下，用经验来指导实践就是在做错事。

需要指出的是，对优秀的人来说，他们更多的是用智慧来指导实践，所以，他们不需要很多经验。诸葛亮出山前未曾领兵打过仗，王阳明剿灭宁王之前也没有军功，就在于这个道理。

三、共性规律与创新的三种关系

总体来说，创新与共性规律有以下三种关系：

第一，创新是共性规律的发现与应用。创新就是不断地发现新的共性规律，并将其应用到社会实践和现实生活中。

第二，创新是对共性规律及其应用的完善。对共性规律的完善，是指对一些理论学说的不断修正和补充，当然也包括否定。例如，天

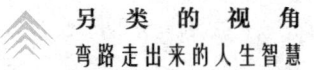

文学就是经过从以地球为中心的地心说,到以太阳为中心的日心说,再到日心说被否定而不断完善的。对共性规律及应用的完善,是指对建立在相关共性规律上的产品、技术和服务进行提升。例如手机原来是模拟的,后来是数字的,再到现在是智能的。

第三,创新是保证共性,凸显个性。保证共性,凸显个性,是指要在保证能为消费者提供价值这个共性的基础上,更加突出自己的个性和差异。这就是在通常情况下,不管什么企业、什么品牌的产品和服务,在销售时都会强调自己产品和服务独特优势的原因所在。

四、企业创新

1. 企业创新的重要性及企业产品和服务创新的分类

创新就是突破常规,就是超越共性,就是对以前的否定。当今社会已进入创新驱动的发展阶段。在这个阶段,社会的发展速度和技术更新之快,是以前任何时期都无法比拟的。在这个阶段,不要说没有创新,就是创新慢一些,都有可能被淘汰。1998年,柯达17万名员工在销售全球所有相纸的85%,但仅在短短几年后,柯达便破产了。智能手机出现后的短短几年,同样也彻底淘汰了非智能手机。

> 获得行业平均利润以上的企业,是创新型企业;具有市场定价能力的企业,是行业引领企业;具有持续创新能力的企业,是可以做大做强的企业;没有创新能力、只能跟风的企业,是早晚会死掉的企业。

企业创新的根本目的是获得竞争优势,获得高于市场平均利润的收益。企业获得高于市场平均利润的收益,是通过获得市场的定价能力实现的。根据企业所获市场定价能力的差异，可将企业的产品和服务创新分成以下三类：

第一类是企业提供了市场没有但消费者需要的产品和服务，在这种情况下，企业可以根据消费者的消费能力自由定价。

第二类是企业提供了市场已有、品质与市场相当但成本比现有市场低的产品和服务，在这种情况下，企业就获得了低于市场平均价格的产品和服务定价能力。

第三类是企业提供了市场已有但品质比现有市场好的产品和服务，在这种情况下，企业就获得了高于市场平均价格的产品和服务定价能力。

2. 企业最为重要的三种创新

企业最为重要的三种创新是技术创新、应用创新和商业模式创新。以土豆和番茄为例，技术创新是要提高土豆和番茄的品质和产量，降低生产成本，以获得一定利润；应用创新是将土豆制成的薯条与番茄制成的番茄酱搭配，按土豆和番茄的若干倍价格在店面出售，以获得高额利润；商业模式创新就是发展若干个连锁加盟店，把公司做大并获得丰厚回报。

从创新对企业的作用和贡献来看，企业商业模式创新的作用远大于技术应用创新，技术应用创新的作用远大于技术原始创新。在企业最为重要的三种创新中，商业模式创新又是企业最重要的创新。对于服务业这种非实体企业，只要有好的商业模式创新，就可以成就一个伟大的企业。

没有商业模式创新的企业，成不了大气候；没有商业模式支撑的技术创新，很难成功。

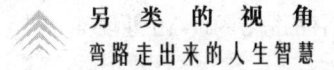

3. 企业的技术创新是有条件和有选择的

一般来说，只有在收入稳定和不需要为正常运转发愁时，企业才能开展技术开发和技术创新。任何连生存都非常困难，却想通过孤注一掷的技术创新走出困境的想法，都是自取灭亡。技术创新是硬竞争力，但成本高、风险大，一般小公司无法承受，这也是小企业一般没有专职研发人员和研发部门的原因所在。所以，小公司的创新更多应放在商业模式创新和技术应用创新这两个层面。

企业的技术创新是有选择的，技术创新更多是对现有技术的升级改进和排列组合，是将现有的技术进行应用创新。企业是不应该在根技术创新和基础研究上过多投入的，那是政府和高校的事情，因为根技术创新和基础研究成功的概率很小，且道路漫长，政府和高校可以承受，企业承受不了。当然，如果不是用自己的资金做根技术研发，那就另当别论。

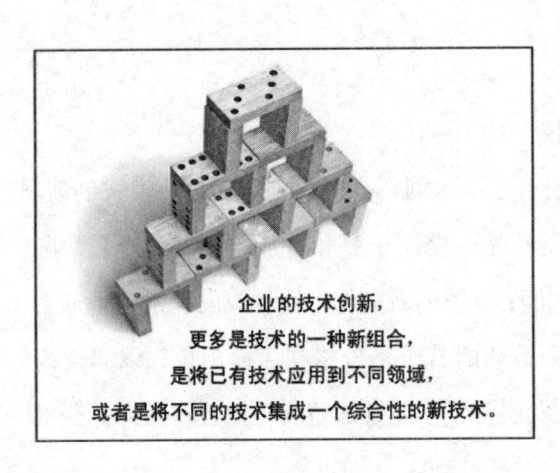

企业的技术创新，更多是技术的一种新组合，是将已有技术应用到不同领域，或者是将不同的技术集成一个综合性的新技术。

五、社会创新不足的几点思考

1. 有形和无形产权保护不够不利于创新

创新离不开法治保障，这种保障就是要保护人的有形及无形财富。人们的合法财富如果得不到保护，创新的积极性就会受到严重影响，人们就不会花精力去创新，创新发展就成了无源之水、无本之木。

2. 金融体制僵化不利于创新

中国专业的投资机构和基金很少，现有的商业银行都是国有商业银行，而国有商业银行是很难服务于创新的，它只能用来套利。因为套利的资金可以来自债权，但创新的特点决定了创新所需资金只能来自股权。

证券股票市场是有利于创新的，因为直接融资市场对创新非常重要。但我们的资本市场是不利于创新的。对企业来讲，因为它缺钱，所以才要融资，但我们的做法是，如果你亏损或赚钱不多，就不能融资，只有在赚了很多钱后，才可以上市。为什么百度、阿里巴巴和腾讯这些伟大的公司都是外国人投资起家的，这与我们的金融体制有很大关系。

现在很多地方开始成立政府主导的投资基金，但政府主导的投资基金是不适合创新的。因为政府投资和私人投资不一样，政府投资很难保证钱会真正投资到值得投资的项目上，毕竟被投资的项目有没有收益与政府基金的负责人没有关系。

3. 政府干预太多不利于创新

市场经济已得到了广泛认可，市场经济的特点是法治和自由。但如果政府对市场干预太多，就会导致很多企业和科技人员不是辛辛苦苦和实实在在地创新，而是挖空心思去争取产业政策资金，想方设法获取各种补助补贴。在这种情况下，企业的创新动力就会大大下降。

经济学家张维迎教授在北京大学国家发展研究院毕业典礼上演讲的一段话中说到，根据英国科学博物馆学者 Jack Challoner 的统计，人类从旧石器时代（约250万年前）到公元2008年，共产生了1001项改变世界的重大发明，其中中国有30项，占3%。这30项全部出现

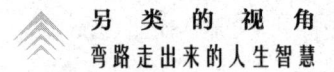

在公元1500年之前，占公元1500年前全球163项重大发明的18.4%，其中最后一项是公元1498年发明的牙刷，这也是明代唯一的一项重大发明。在公元1500年之后全世界出现的838项重大发明中，没有一项来自中国。研究发现，中国重大发明最多的时期，就是束缚最少、最为自由的时代。公元1500年以后中国没有一项重大发明的主要原因，就是社会的管制过多。

4. 教育体制束缚不利于创新

　　大学教育本应致力于培养具有独立思考能力和批判精神的人才，但我国的教育主要是传授知识。虽然也强调人才培养，但却不注重独立思考能力和批判精神的培养。而没有独立思考能力和批判精神的人，是不可能具有强的创新能力的。

　　另外，中国高校采用的是政府机构的那套管理模式，这种管理体制在很大程度上制约了创新。这种制约主要体现为检查多、汇报多和评估多。频繁的检查、汇报和评估占用了高校教师太多精力。更为严重的是，统一指标和要求的各种检查和评估，导致高校的同质化，严重削弱了高校的创新能力。

第十一章

成王败寇与智慧力量

> **导 语**
>
> 如果你明白的道理别人都明白,你想到的事情大家都能想到,那你只是一个普通人,不是智者。一个人,只有明白了绝大多数人不明白的道理,才称得上有智慧。智者与普通人的区别在于,智者能看见普通人看不见的东西,能领悟普通人不能领悟的道理,能解决普通人无法解决的问题。一个人只有掌握了正确的学习方法,通过学习—思考—领悟的不断积累,才能大彻大悟,成为智者。一个人,要想成就大事,就必须先成为智者,除此之外,别无他路。

一、成王败寇

1. 从古至今都以成败论英雄

成王败寇是指成功的人称王称帝,失败者沦为草寇。文明社会里的成王败寇,是指以结果论英雄,以结果论对错。

另 类 的 视 角
弯路走出来的人生智慧

贞观十一年，14岁的武则天因长相俊美入选宫中，受封"才人"。入宫后的武则天行事干练，善解人意，再加上姿色娇艳，颇得唐太宗李世民的欢心，遂赐号"媚娘"。贞观二十三年，唐太宗驾崩，武则天与所有嫔妃一起被发送长安感业寺削发为尼。唐太宗九子李治继位后，重召武则天入宫，晋封为"昭仪"，最终册立为皇后。唐高宗李治驾崩后，武则天成为一代女皇。武则天与唐太宗父子乱伦的事情并没有被世人唾骂，相反，武则天还成了众人眼中的一代女皇，受世人敬仰。为什么？因为武则天成功了。

韩信很小的时候就失去了父母，靠钓鱼换钱维持生活，屡遭周围人的歧视和冷眼。一次，一群恶少当众羞辱韩信。有一个屠夫对韩信说：你虽然长得又高又大，喜欢带刀佩剑，其实你胆子小得很，有本事的话，你敢用你的佩剑刺我吗？如果不敢，就从我的裤裆下钻过去。韩信自知形单影只，硬拼肯定吃亏。于是，当着许多围观人的面，从屠夫的裤裆下钻了过去，史书上称为"胯下之辱"。但这种奇耻大辱非但不被人们耻笑，反倒成了传世佳话，为什么？因为韩信后来帮助刘邦建立了大汉，成为中国历史上杰出的军事家，他成功了。

比尔·盖茨18岁时考入哈佛大学，一年后从哈佛退学，与好友保罗·艾伦一起创办了微软公司，比尔·盖茨担任微软公司董事长、CEO和首席软件设计师。在他们的倾力经营下，公司发展成了伟大

> 其实你怎么做不重要，重要的是你一定要做成功。只要你成功了，曾经再愚蠢的举措，也会被诠释为智慧的决断；曾经再荒唐的行为，也会被认为是个性魅力。社会就是这样，它不看过程，只看结果；它不看动机，只看结局。

的微软帝国。如果比尔·盖茨当时失败了，人们就会说，看看，大学还没毕业就创业，怎么可能有好结果呢？比尔·盖茨的退学创业并没有被人嘲讽，反而成为世人的美谈，为什么？因为比尔·盖茨成功了。

　　成王败寇现象已融入社会的各个方面。例如，执着和固执从过程上看，两者没什么区别，都是一种坚持。一样的坚持划分为执着和固执的原因，在于坚持的结果不同，结果好的坚持叫执着，结果坏的坚持叫固执。很多时候我们说别人很固执，或者别人说我们很固执，是因为我们认为别人，或者别人认为我们的坚持是错误的，是不会有好结果的。也就是说，执着和固执的区分原则，就是成王败寇。

2. 成王败寇的必要性和必然性

　　人们都是从结果来评价一个人或一件事的。成功了，以前所有不合理的决定都会被认为是英明的决策；失败了，以前所有英明的决策都会被认为是糟糕的决定。成王败寇强调的不是做事的动机，而是做事的结果，也就是结果比动机重要。

　　成王败寇，以结果论英雄，是社会的必然。试想一下，如果社会表扬和奖励的是失败而不是成功，那社会会是什么样子？这个社会还能发展进步吗？所以，以结果论英雄是社会发展的需要，是社会进步的动力。不管你承不承认，社会永远都是以成败论英雄，以前没有例外，以后也不会有。

二、成王的条件

1. 有野心

　　成大事者，必须有野心，野心有多大，成功就有多大。野心是什么？

另类的视角
弯路走出来的人生智慧

> 我想做个百亿公司
> 你开玩笑！
>
> 任何有远大目标的人，在没有把目标变成现实以前，都会被周围人认为是疯子、痴人说梦和异想天开。所以，朱元璋还是放牛娃的时候，说自己将来要做皇帝，人们都说他是在开玩笑；马云在创办阿里巴巴时，说一定能把阿里巴巴做成一家伟大的公司，当时也没有人相信他。

野心就是大目标，就是大理想，就是大梦想。试看天下伟人和英雄豪杰，哪一个不是野心家。有哲人说：一个年轻人，如果三年时间里都没有任何想法，那他这一生就基本是这个样子了，不会有多大改变。这话不无道理。年轻人的想法是什么？从某种意义上讲就是野心，如果在社会上历练了三年，还是浑浑噩噩，无所事事，那他就难有作为。

一个人，只有心怀野心，才能披荆斩棘，克服障碍，勇往直前，最终把野心变成现实。1949年，一位24岁学财会的年轻人大学毕业了，这位年轻人刚到通用公司工作一个月，就一本正经地对同事说："我将来要成为通用公司的总裁。"这位年轻人叫罗杰·史密斯。三十年后，野心成真，他果然出任了通用汽车的董事长。

很多时候，人们会因目标太大，很难实现，就不敢有大野心。其实，只要将大目标分解成若干个小目标，然后分步将一个个小目标变成现实，我们就会发现，大目标并非想象中那么困难。例如，如果要我们一刻不停地步行5万千米，那我们做不到，但如果我们坚持每天步行5千米，那实现5万千米这个目标又是非常容易的，因为一个正常人一生中步行的里程远远超过5万千米。

所以，要有大作为，就必须有大目标，而且要懂得把大目标分解成若干个小目标。大目标是前进的方向，小目标是前进的过程。没有小目标的实现就无法前进，没有大目标的指引就会迷失方向。

短时间来看，大目标很吓人，是无法实现的，但只要愿意积累，它又是可以，甚至比较容易达到的。大目标和大野心能不能实现，取决于你是否在不断积累，取决于你是否有足够的耐心。

需要指出的是，任何时候，任何人都不要因为年纪大了就放弃梦想。刘邦40岁的时候连兵马都没有，最后却建立了大汉王朝。成吉思汗40岁的时候被安达背叛，兵败如山倒，逃到小溪边，最后却带领千军万马建立大蒙古国。姜子牙近80岁才离开渭水出山，后封侯拜相，成就武王霸业。所以，只要你不抛弃梦想，梦想就永远不会抛弃你。

2. 懂人性

人一辈子打交道的都是人和事。与事情打交道，其实也是与人打交道，因为每件事情的背后都有与之相关联的人。所以，要干成大事，就必须懂人性。只有懂人性，才能正确判断关联人的想法；只有正确判断了关联人的想法，才能制定出正确的策略；只有制定的策略正确，执行的结果才可能是想要的目标。从古至今，伟人、政治家、杰出商人和企业家成功最关键的原因，都是他们对人性有着深刻的领悟。

例如，你想别人给你做事，你就得明白这个道理：那就是人们之所以会去做一件事，只有两个原因：一是做这件事给自己带来的好处达到了让自己心动的程度；二是虽然这件事不能给自己带来好处，但如果不做，就会给自己带来心痛的坏处。所以，人们做事情就只有两种情形：一种是自己乐意的；另一种是自己被逼的。人之所以乐意去做一件事情，是因为做这件事对自己会有好处；人们之所以会做不愿意做的事情，是因为如果不做这件事就会给自己带来坏处。

乔布斯说过，我们不做市场调查，我们也不招收顾问，我们只想

另类的视角
弯路走出来的人生智慧

做伟大的产品。他说："消费者并不知道他们需要什么,直到我们拿出自己的产品,他们才发现,我们生产的产品就是他们想要的东西。"当然,要达到乔布斯这种水平,就必须对人性和社会有深刻的领悟。

> 我是在求他,但要让他觉得我是在帮他。
> 他不是在求我,他是在帮我。
> 能将有求于人变成有利于人的人,才是真正有智慧的人。

对王者来说,自己最主要的工作就是决策和用人。而要做好这两个工作,就必须懂人性。包括伟大企业家在内的王者,他们讲的话之所以很有哲理,就是因为他们对人性和社会有着深刻的领悟。

3. 爱学习

如果成功只有一个秘密的话,那一定是学习。一个人失败的原因很多,但最重要的原因只有一个,那就是学习不够。成功者通过向别人学习,获得智慧,通过有思考的学习,成为智者。所以,所有的成功者都是学习者,所有的成功者都是智者。

李嘉诚12岁开始做学徒,不到15岁便挑起一家人的生活担子。虽然没有受过正规教育,但他自己非常清楚,只有努力工作和学习才是自己的出路。所以他一有钱就去买书学习,成了亚洲首富后,每天睡觉前还是一定会看书。李嘉诚说,看书能增加一个人的机会,一个人只有在有了机会以后,才会有成功的可能。

学习决定了一个人的能力,决定了一个人的格局。当你有能力赚大钱的时候,你就不会计较小钱;当你有本领干大事的时候,你就不会在意小事;当你对未来充满信心的时候,你就不会被当下的困难所阻挡。一个人的学习，决定了一个人的能力；一个人的能力，决定了一个人的格局；一个人的格局，决定了一个人的成就。

这世上，没有人生而伟大，只是有些人在不断学习和不懈努力下，最终活成了伟大的人。

4. 有大格局

格局一大，内心就会宏阔，精神就会逍遥，灵魂就会自由。所以，谋大事者必先布大局。对人生这盘棋来说，想成功的人首先要学的不是技巧，而是布局。大格局，即以大视角切入人生，力求站得更高、看得更远、做得更大。大格局决定着事情发展的方向，掌控了大格局，也就掌控了局势。刘备三顾茅庐，就为请诸葛亮出山帮自己实现大梦想。也正是刘备的这种大格局，才使智谋超群的诸葛亮心甘情愿为他鞠躬尽瘁，死而后已。

人们常说的所谓"局限"，其实就是自己给自己设的"局"太小。所以，人生所能达到的高度，往往就是人们心理上为自己设定的尺度。一个人，如果从来没想过要到达顶峰，那他就不会有到达顶峰的那一天。大境界才会有大胸怀，大格局才能有大作为，成功者好运气的背后都隐藏着大的格局。

> 要干大事，就不要纠结于小事小利。一个人之所以干不成大事，赚不了大钱，是因为他太在乎小事，太在意小利。太在意小事小利，就会忽略甚至忘记大事大利，就会遮挡自己的视线，压低自己的格局，无所作为，最终为小事小利所困。

三、智慧的力量

1. 刘邦的用人之道

出身农家的刘邦是汉朝的开国皇帝，中国历史上杰出的政治家、卓越的战略家和指挥家。刘邦最懂领导艺术，他信任人才，能充分调动人才的积极性。他能把天下人才都集结在自己周围，形成一个优化的组合，最终成就自己。刘邦的六大用人之道，很值得学习。

（1）知人善任。知人善任，首先在于知人，其次是善任。刘邦非常清楚下属都有什么才能，有什么性格，有什么长处，放在什么位置上最合适。刘邦将掌握的一批人才放在合适的位置上，充分调动他们的积极性，让他们最大限度地发挥自己的作用和价值。

（2）不拘一格。刘邦有一个很大的优点，就是不拘一格用人才，所以他的队伍里什么人都有。张良是贵族，陈平是游士，萧何是县吏，樊哙是狗屠，灌婴是布贩，娄敬是车夫，彭越是强盗，周勃是吹鼓手，韩信是无业青年。刘邦把他们组合起来，各就其位，让他们最大限度地发挥作用。

（3）不计前嫌。刘邦的队伍里，有很多人原来是在项羽手下当差的，因为在项羽那里待不下去了才投奔刘邦。刘邦敞开大门，不计前嫌，一视同仁地欢迎。其中不乏韩信、陈平这些杰出的谋士和能人。可见，要有大作为，就应该心胸宽广。因为只有心胸宽广，才能容纳天下英雄；只有容纳了天下英雄，才能成王和成功。

（4）坦诚相待。坦诚相待，不仅仅反映一个人的素质，更是为人处世的一条原则。你是否坦诚待人，决定了别人是否会坦诚待你。人才不仅需要应得的酬劳，还需要尊重和信任。而尊重人才的唯一办法，就是以诚相待，实话实说。刘邦在这方面做得很好。张良、韩信、陈平这些人如果有什么问题要跟刘邦谈，刘邦都是如实回答，哪怕有些回答很没面子。刘邦的坦诚相待、信任人才和尊重人才，是张良、韩信和陈平这些人才愿意为他卖命的根源。

（5）用人不疑。领导最忌讳的，就是今天猜忌这个，明天猜忌那个。刘邦一旦决定用一个人，就绝不怀疑，放手使用。最典型的例子就是陈平，陈平离开项羽投靠刘邦，得到了刘邦的信任，这让刘邦的很多老随从不满意，就有人去刘邦那里说陈平的坏话，然而刘邦还是坚持对陈平委以重任。当时，刘邦和项羽正处于一个胶着状态，谁也吃不掉谁，为了让陈平能够成功实施反间计，刘邦拨黄金四万斤给陈平，并且不问出入，由此可见刘邦对陈平的信任程度。

（6）论功行赏。使用人才，除了信任和尊重外，还要论功行赏。奖励是对一个人贡献的实实在在的肯定。不能老说这个人是一个难得的人才，是干将，但就是一分钱不给，就是不予提拔。刘邦能根据每个人的不同功绩论功行赏，不但封赏了萧何、张良、韩信和彭越等一批人，还封赏了他最不喜欢的雍齿。

2. 曾国藩"利可共而不可独，谋可寡而不可众"的哲理

"利可共而不可独"。利益，往往是众人都渴望得到的，如果谁独占了利益而不与大家分享，那就一定会招致怨恨，甚至成为众矢之的。刘邦攻破咸阳，却不敢占据此地，曹操能够"挟天子以令诸侯"，却终其一生不敢废汉自立，都是怕成为众矢之的。所以，面对利益，一定要懂得取舍。利益，只有分享给大家，让大家都得到好处，大家才会拥护你，跟随你。伟人和平凡人的最大差别在于，平凡人为了小利益而被伟人利用，伟人舍弃小利益而利用了平凡人。

"谋可寡而不可众"。一个人，对于一些重要的事情、重要的决定，

> 社会的现实是，想收获大利益的人，在利用和经营想获得小利益的人。所以，如果你想得到的是小利益，那大多数情况下，你就会成为被别人利用、被别人经营的人；如果你心怀野心，想的是大利益，那绝大多数情况下，你就得让出小利益，以此来利用别人、经营别人。

自己看准了，去做就是了。如果总是和别人商量，由于立场不一样，仁者见仁，智者见智，反而七嘴八舌，动摇自己的意志，破坏自己的信心和情绪。所以，不要过多与他人商量重要的事。要明白，参与决策的人数多，不等于决策的质量高，低层次的见解累加不会产生高层次的智慧。有真知灼见的人，是完全可以特立独行的。要知道，真理永远是少数人先发现，然后才逐步成为大多数人的共识，也就是说，真理永远是掌握在少数人手里的。

3. 司马懿应对诸葛亮的空城计

司马懿是三国时期魏国杰出的政治家、军事家和战略家。空城计说的是，司马懿率领十五万大军，击溃马谡，夺取街亭，又乘胜连下三城，以迅雷不及掩耳之势直逼蜀军的后方机关西城。诸葛亮来不及撤退，手下只有两千五百名老弱残兵，在万分紧急的情况下，诸葛亮导演了一幕精彩的空城计，以玄虚威慑，试图吓走胆小多疑的司马懿。司马懿的两个儿子司马师和司马昭看出了诸葛亮是故弄玄虚，要发兵攻城，活捉诸葛亮，却被司马懿呵止。接下来，就发生了戏剧性的变化，司马懿犹疑了一番，怕中"埋伏"，在城下自嘲说道："诸葛亮啊诸葛亮，你是空城也罢，实城也罢，老夫今日是不上你的当了。"于是下令"前队变为后队，退兵四十"，成就了诸葛亮的神话。

诸葛亮的空城计之所以得逞，是因为司马懿的过人智慧。司马懿明知是空城却不捉诸葛亮，是因为司马懿明白，自己是曹魏政权的猎兔之犬，他明白诸葛亮的存在与自身存在的关系。他明白曹魏一方能制衡诸葛亮的人物，唯司马懿一人，没有了蜀汉的诸葛亮，也就没了司马懿存在的价值。如果在西城活捉或杀掉诸葛亮，蜀军就会全面崩溃，蜀汉也会随即灭亡，羽翼未丰的司马氏就难免"鸟尽弓藏，兔死狗烹"的厄运。正是司马懿的这种智慧，成就了司马家族，使他成为西晋王朝的奠基人。

4. 管仲重金求鹿

管仲是中国古代著名的经济学家、哲学家、政治家和军事家，齐国相国。齐桓公把楚国当作他称霸道路上的障碍，总是揣摩如何削弱楚国，但楚国的军力很强，这让齐桓公很头疼。管仲告诉齐桓公：要称霸，办法很多，未必要打仗，运用商场的办法即可。

没过多久，楚国出现了一批来自齐国的客商，他们高价收购楚国的鹿，并处处扬言："齐桓公好鹿，愿不惜重金收购。"鹿是稀有动物，只有楚国才有，但楚国人只是把鹿当作肉食动物，花两枚铜币就可以买一头。齐国商人开始花三枚铜币买一头鹿，半个月后涨到五枚铜币。消息很快传遍了楚国，楚成王非常高兴，在酒宴上乐滋滋地说："十年前，卫国的卫懿公由于好鹤，玩物丧志亡国，如今齐桓公好鹿，难道他不是在重蹈卫国的覆辙吗？看着吧，齐国很快就会元气大伤，齐国会成为孤家寡人的。"几天后，齐国商人又把鹿价涨到了四十枚铜币一头。楚国农民见一头鹿的价格竟然抵得上数千斤粮食，纷纷放下农具，操起猎具到深山去捕鹿。后来就连楚国官兵也都将兵器换成猎具，偷偷去猎鹿，导致楚国大片田地撂荒，而铜币却盆满钵满。

楚国人很满意，但接下来发生的事情就让楚国人傻眼了。管仲让

另类的视角
弯路走出来的人生智慧

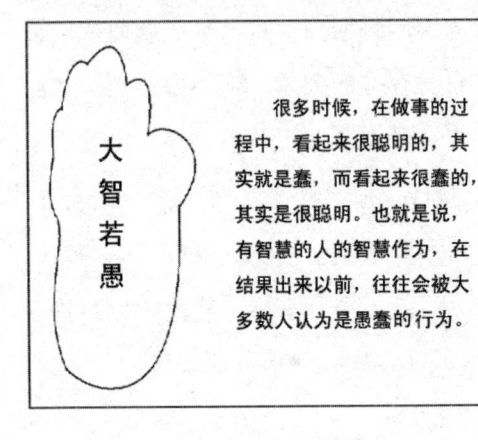

> **大智若愚**
>
> 很多时候，在做事的过程中，看起来很聪明的，其实就是蠢，而看起来很蠢的，其实是很聪明。也就是说，有智慧的人的智慧作为，在结果出来以前，往往会被大多数人认为是愚蠢的行为。

齐桓公发布号令，禁止与楚国通粮交易。这下楚国人惨了，粮价疯涨，铜币又不能吃。楚王慌了，派人四处买粮，却都被齐国拦截。逃往齐国的楚国难民已达本国人口的十分之四，楚国政权岌岌可危。

无奈之下，楚王只好向齐桓公求和，承认了齐国的霸主地位。管仲兵不血刃，就制服了楚国。

5. 王安石哄抬米价

北宋庆历七年，江南地区阴雨连绵，从三月一直下到九月，庄稼颗粒无收，受灾面积达127个县。米价接连上涨，到了十月，米价就由原来的每石400文涨到了1500文，老百姓苦不堪言。江南各州府一面向朝廷求援，一面强力抑制米价，惩办奸商。但一个当时叫鄞县的偏远小县(现在的宁波)，却有一个很另类的县令，不但不抑制米价，反而发出公文硬性规定：鄞县境内米价每石3000文。这位大胆的县令就是历史上大名鼎鼎的王安石。

一时间，鄞县境内民怨沸腾。因为米贵，不少人家只好举家食粥。米商们则欢呼雀跃，发了大财，他们纷纷知趣地给王安石送金送银。对此，王安石来者不拒。偶尔有外地的商人忘了敬献金银，王安石就让师爷前去讨要。此时，由于陕西一带连年大旱，朝廷已经赈济多年，国库空虚，对江南的雨灾，一时无力救助。到了第二年三月，江南市面上几乎已无米可卖。黑市上，米价涨到5000文一石，还常常

第十一章　成王败寇与智慧力量

有价无市。大量饥民开始涌现，一时哀鸿遍野。与此形成强烈对比的是，鄞县境内却米粮充足。原来，全国各地的商人听说鄞县米价高昂，有利可图，纷纷把米贩到鄞县。鄞县的老百姓虽然一时间将多年的积蓄消耗殆尽，却几乎没有出现饥民。

对于无力买粮的人家，王安石就发给银两救助。后来，鄞县的米粮越积越多，渐渐供大于求。商人们已经把米运来，不好再运回去，只好就地降价销售。米价竟然慢慢降到了1500文一石。同江南其他地方比起来，宁波简直就是个世外桃源。经此一事，王安石名声大振，从此平步青云，成为北宋一代名臣。

第十二章

过得开心,活得快乐

导 语

无论你的圈子有多大,真正影响你和对你有用的,通常就那么几个人。但我们却经常犯这样的错误,那就是把太多的时间都花在了取悦那些无关紧要的人上面,而把坏脾气留给了最重要的人,我们对陌生人太客气,对亲人太苛刻。其实没必要这样,因为取悦那些无关紧要的人,不会让自己得到期望的那些收益,只会让自己变得更累。人,要为自己和喜欢自己的人而活,不要在不喜欢自己的人那里痛苦了自己,更不要在喜欢自己的人这里忘记了快乐。勉强不来的事情,就不要去追了,因为自己会很苦,别人也很累。与其在追逐不到的事情上痛苦烦恼,不如在能做得成的事情中享受快乐。

人的一生会遇到各种各样的问题,有酸甜苦辣,有逆境顺境,有成功失败。人生在世,有的人过得快乐,有的人却活得痛苦。在人生短暂的几十年中,怎样才能过得开心、活得快乐呢?

第十二章 过得开心，活得快乐

一、干一行，爱一行

人要在社会生存，就必须通过工作获取生存所需的物质。但如果一个人把工作仅仅看成是谋生的手段，是不得已而为之，那他就会敷衍甚至讨厌工作，工作就会变成负担，人就不会快乐。

如果工作不快乐，就想通过换工作来让自己快乐，但这种想法是错误的，因为单从工作本身来看，没有一种工作是快乐的。医生会说医生不是好职业，天天忙，没假日，饭都吃不到一口热的，有时还得不到病人和病人家属的理解。教师会说下辈子再不干教师这一行了，劳心费神，收入不高，还被一些素质差的家长冤枉。律师会说天天看到的都是民事纠纷和人心丑陋，迫于生计还得为坏人辩护，这不是一个好职业。所以，单从工作本身来看，没有一种工作是完美的，没有一种工作是让人不想辞职的。

事实证明，一个人只有在工作中获得了物质和精神收获，才会感受到工作是一种快乐。而工作能不能有收获以及收获多少，取决于自己工作时是否投入以及投入了多少。一个人是否愿意全身心地投入工作，取决于这个人是否做到了"干一行，爱一行"。

"干一行，爱一行"，不是要人们强行喜爱自己的工作，也不是说只要干上了这一行，就会自然爱上这一行。"干一行，爱一行"，是指既然你做了这个工作，就应该全身心地投入，而只要全身心地投入了，你就能从工作中得到收益和成就感，你就会快乐，就会喜欢上这个工作。

二、心存善良，乐于助人

1. 善有善报，恶有恶报

行善，不但会使自己快乐，还能得到善的回报；行恶，不但使自己痛苦，最终也会遭受恶的报复。电视剧《大宅门》中的白家老大，曾经在大街上救过一个老太太，不仅抓药不要老太太的钱，把老太太送回家时还给了老太太一些银子。老太太的儿子朱顺后来成了刑部的一名小吏，当白家老大被冤枉判斩监候时，朱顺为了报恩，用死囚调包了白家老大，使白家老大得以活命，这就是善报。

不少人认为"善有善报，恶有恶报"只是一句用来安慰人的话，并非普遍现象，但这种看法是错误的。"善有善报，恶有恶报"是具有普遍性的，这种普遍性可从科学和人性两个方面得到证实。

（1）"善有善报，恶有恶报"的科学依据。研究发现，当一个人心怀善念时，体内就会分泌出令细胞健康的神经传导物质，唾液中的免疫球蛋白浓度就会增加，免疫细胞就会变得活跃，人就不容易生病；而当人心存恶意时，血液中就会产生一种毒素，影响人的心态、健康和寿命。

研究还发现，与人为善，常做好事，人就会产生难以言喻的愉快和自豪，人的压力激素水平就会降低，就能促进有益激素的分泌。统计研究发现，常给他人物质上帮助的人，致死率会降低42%；常给别人精神上支持的人，致死率会降低 30%。

（2）"善有善报，恶有恶报"的人性依据。人的本性也决定了"善有善报，恶有恶报"必然是社会的普遍规律。就善的行为来说，一个人如果做了善事，就会产生一种愉悦和自豪感，自己就会快乐，这样，行善的人就得到了精神上的回报，这是善第一层面的善报。另外，善的受主因为得到了关心和帮助，一般都会心存感恩，只要有机会或有能力，善的受主就会回报昔日给予自己帮助的人，这是善第二层面的善报。

从恶的行为来看，恶的施主施恶后，内心会有不同程度的内疚和不安。如果施的恶比较严重，这种内疚和不安就会变得强烈和长久，就会严重影响他的生活甚至身体健康，这是恶第一层面的恶报。而恶的受主遭受伤害后，有相当一部分人会在适当的时候进行或明或暗的报复，虽然一部分高素质的受害人不会刻意报复恶的施主，但在恶的施主落难或遭遇困难时，他们一般是不会施以援手的，这是恶第二层面的恶报。

所以，从人性角度看，社会必然是"善有善报，恶有恶报"。

2. 建立在能力基础上的善良才会真正快乐

当然，行善也要量力而行。在自己对别人好的时候，不能让身边的人痛苦。为了对别人好，而导致自己和自己身边的人难受的善良，是对善良认识的误区。这种善良虽然会给自己带来一时的快乐，但因为这种善良伤害了自己和身边的人，决定了这种快乐一定会伴有痛苦，甚至痛苦远大于快乐。

山西有一对普通农村夫妇，自己生养有三个孩子，但在 26 年的时间里，先后收养了 40 个弃婴。原本就不富裕的家庭，为此承受了巨大

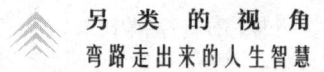

的压力。没饭吃，找左邻右舍去借，久而久之，大部分人都躲着他们，不与他们来往。家里孩子太多，脏乱不堪，臭气熏天，所有人都绕着走，自己亲生的孩子也只好辍学。为此，长子和父母闹矛盾，离家出走。这对夫妻善良吗？绝对善良，但这种善良未必可取。对于那些弃婴来说，这对夫妻自然是善良的，但对于自己的亲生孩子来说，这何尝不是一种残忍。况且，对于那些弃婴来说，这样的结局未必就是好的结局。

"穷则独善其身，达则兼济天下"。善，应该是在照顾好自己的同时，在能力范围之内，再去帮助他人。所以，一个人所行的善应该与自己的能力匹配，只有建立在自己能力基础上的行善，才会真正快乐。

三、懂得感恩，心中无恨

1. 感恩是一种快乐

感恩是一种快乐。当你对世界万物、对身边的人心存感激时，你内心的积怨和不满就会消除，你眼里的世界就会变得美丽，你就会变得快乐。感恩父母，你就不会辜负父母的期望；感恩社会，你就会轻轻扶起跌倒在地的老人；感恩人生，你就能笑对狂风暴雨，迎来彩虹。

所以，人一定要知道感恩。感恩批评你的人，是他们让你学会了思考；感恩帮助过你的人，是他们给了你支持和爱，助你渡

一个人，只有心怀善意时，才能体会到世间都是美好；
一个人，只有善待他人时，才能感受到身边都是好人。

过难关，使你迈上了新的高度。感恩，对人来说，不仅是一种快乐、一种生活态度，更是一种高尚品质。

2. 恨是一种痛苦

恨是一种痛苦，所以不要记恨伤害过你的人。不去记恨伤害过你的人，不是说这些人不应该被恨，而是因为被恨的人没有痛苦，而恨人的人却遍体鳞伤，而且恨只会让自己丧失理智，自乱阵脚，让自己痛苦，让伤害你的人高兴。

有人说，要感恩伤害过自己的人，因为是他让自己成长和坚强。这种说法太过了，而且逻辑错误，因为真正让自己成长和坚强的是自己的努力，是身边亲人的关心，是身边朋友的支持。感恩伤害自己的人，是颠倒是非，现实中也无法做到，因为它违反人性。

当你不得不与伤害你的人一起共事时，一定要用"尊重"代替心中的恨。要知道，尊重你的"敌人"，会使"敌人"难受，你不难受；恨你的"敌人"，是你难受，"敌人"不难受。

要明白，"敌人"为难你的目的，就是要你难受，如果你因此难受了，那他的目的就达到了。相反，如果你不难受，甚至快乐，那他就会因自己的目的没达到而痛苦，这个时候，他就会难受。

所以，从某种角度讲，恨是用"敌人"对自己的伤害来痛苦自己，不恨是用自己的快乐去痛苦"敌人"。

四、学会包容，心态乐观

1. 包容才不会生气

一个人，如果经常生气，那他就不可能快乐。生气，不外乎是因为别人或自己做得不好或做错了。不管是做得不好，还是做错了，都是已经发生的事，生气无济于事。

《吕氏春秋》里有这样一个故事：秦缪公走失的一匹骏马被三百个农夫抓住并杀了吃肉。在他们正准备吃的时候，秦缪公寻马至此。农夫们得知是秦缪公的骏马，都非常害怕和惶恐。看到自己的骏马已被农夫们杀死，秦缪公没有发怒，而是赏赐他们好酒并说："我听说吃骏马肉而不饮好酒会伤身体。"然后离去。后来晋秦爆发韩原大战，秦军失利，晋军包围了秦缪公的战车，秦缪公命悬一线。这时，一群人冲了过来，以无畏的勇气击退了晋军，使秦军士气大振。最终秦军击败了晋军，并俘虏了晋惠公夷吾。而这些力挽狂澜的勇士，正是当年那些杀马的农夫。

做人要心胸宽广一些，要学会包容。杜月笙府上的佣人常说，杜先生好伺候，我们做错事，他也轻言细语。杜月笙从底层来，知道下人的辛苦，所以能够包容下人的错误，能够给底层人足够的仁慈。所以，当年上海滩黄包车车夫和短衫阶层才会喊出"做人要做杜先生"的口号。

一个人，若心胸狭窄，不会包容，那就是将自己放在了一个窄小的空间里。这时，由于空间太过狭小，丑恶就会被放大，自己就会觉得处处与邪恶狭路相逢，就会觉得坏人特别多，就不可能快乐。

另外，当一个人遭遇了伤害，要注意克制被伤害时产生的恨和怒，不要因为心有怨气而纠结和报复。因为你能被伤害，说明你还弱小，而弱者的恨和怒只会让自己遭受更大的损失和伤害。

一个人遇到刁难时，最好的办法就是一笑而过。你会发现，因为与自己讲和，因为自己心胸宽广，任何刁难都会被化解到不那么锋利。要知道，刁难最初是一种伤害，但如果你挺过来了，它就会成为成全。因为被刁难过的人，会更具与人周旋的智慧，也更懂生活妥协的艺术。

所以，有的时候，面对难以避免的伤害，沉默和克制是最好的武器，很多时候，它比爆发更能保护自己。

2. 乐观才不会阴暗

快乐的源泉是什么？快乐的源泉是有一颗乐观的心。对悲观者来说，即便是一件好事，他看到的也更多是灰色和痛苦。而乐观者则相反，即使是一件比较坏的事情，他也能从中看到色彩和愉悦。

当然，乐观的前提是要有一个好的心态，什么是好的心态？好的心态，就是尽全力去做每一件事情，用平常心去对待每一个结果。因为只有尽全力去做事，才有可能实现自己的目标；只有用平常心对待每一个结果，才不会因目标没达到而心灰意冷，才能在失败的情况下依然乐观地去做下一件事情。

《阿Q正传》中的阿Q是一个很乐观的人。阿Q非常穷，穷得甚至连姓名都没有，他被压在未庄生活的最底层，什么人都能欺负他，可他却并不在乎，常常还很得意。这事的关键是他有一套独特的精神胜利法，例如，分明是挨了打，他却以"儿子打老子"自我安慰，逆转成为"胜利"者。虽然阿Q的有些做法值得商榷，但阿Q在一贫如洗的穷困环境中依然快乐，却值得学习。

人就是这样，当你无法做到不去面对自己不喜欢的事情时，能让自己快乐的唯一办法，就是在这个不喜欢的事情里找出自己喜欢的部分，或者是从这个不喜欢的事情里臆想出一些自己喜欢的成分。

五、尽力而为，知足常乐

尽力而为，是一个人做事的基本态度。很多时候，就因为少投入了那么一点点，就导致我们与成功擦肩而过。笔者曾经看过一篇题为《遇到好人是有条件的》的文章，文章讲述了香港一家药业公司董事长给台北一位朋友买药的事。这位董事长买到药后赶往机场，却没有乘客愿意帮忙带药去台北。一架架飞机起飞后，董事长手捧救命药，急得直掉眼泪。她明白，不是人家不愿做好人，是别人害怕万一带的是毒品会有牢狱之灾，人们面对陌生人，不能不存防范之心。即便这样，董事长仍然挨个儿给乘客说好话，在遭受无数次拒绝后，最后一趟航班，一个人走上前来，主动提出帮她把药带过去。这个台北导游一直在默默地观察，一个如此心诚的人，一个被无数人拒绝却仍满怀热情的人，是不可能心存恶意的。这件事情让这位董事长得出了这样一个结论：任何时候，都不要说世上没有好人，都不要说你一定遇不到好人。当你没遇到好人时，要先问问自己，你是否尽到了最大努力，你是否拿出了最大诚意。

知足常乐，不是要我们不去追求，而是在尽力追求后仍无法达到自己的目标时，不要因此不高兴和难受。要明白，社会的方方面面都是金字塔结构，这注定了绝大多数人都只能是普通人。当你无法做到不普通时，就要调整心态，接受普通的现实，放弃难以实现的愿望。普通人只要知道平凡可贵、平淡是真和知足常乐，就会过得幸福和快乐。

为什么我们会痛苦？因为要实现我们的想法和满足我们的欲望所必须具备的能力超过了我们现在的能力，导致我们的想法无法实现，欲望无法满足。为什么知足就会快乐？因为知足的人都会降低自己的要求，这时满足自己想法和欲望所需要的能力就会小于自己具备的能力，自己的想法就能实现，自己的欲望就能满足，所以人就会快乐。

一个有身份、有地位、富有的人，一天多赚1000块钱，也不会有多大满足，一个农民却会因菜价上涨多卖了100块钱而非常开心。所以，幸福快乐与身份、地位和财富关系不大，与心态有关。从某种程度上讲，幸福就是降低标准，快乐就是降低要求，这也是调查显示底层人的幸福指数和对生活的满意度高于高层次人的原因。

人是幸福快乐，还是沮丧痛苦，不取决于个人能力的大小，而取决于个人的能力是大于还是小于满足自己欲望所必须的能力。所以，从本质上讲，所有的痛苦和不快乐，都是自己无能为力的产物。

六、不要太在意得失

《淮南子》中记载了这样一个故事，战国时期，一位住在靠近西北边塞的老翁，养了许多马。一天他养的一匹马走失了，邻居们知道后，都替他惋惜，老翁却说："你们怎么知道这不是件好事呢？"众人听后大笑，认为老翁是丢马后急疯了。几天后，老翁丢的马跑回来了，还带回来了一匹匈奴的骏马。邻居们都十分羡慕，祝贺这从天而降的好事。老翁却板着脸说："你们怎么知道这不是件坏事呢？"大伙哈哈大笑，认为老翁是给乐疯了，连好事坏事都分不清了。不料，几天后，老翁的儿子骑新来的这匹骏马时不小心把腿摔断了，邻居们纷纷前来安慰，老翁却说："你们怎么知道这不是件好事呢？"邻居们都觉得老翁又在胡言乱语。没过多久，匈奴大举入侵，青年人被应征入伍，而老翁的儿子因为摔断了腿而得以免征。入伍的青年都战死了，唯有老翁的儿

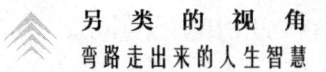

子因断腿而保全了性命，在后方过着幸福的生活，这就是大家熟悉的成语"塞翁失马，焉知非福"。

其实，生活中的每一件事情都有其两面性，得与失其实是一对孪生兄弟。得到了一样东西，就会失去另一样东西；失去了一样东西，就会得到另一样东西。所以，得就是失，失就是得。无数的事实证明，太在意得失的人，最终都是得到的少，失去的多。

七、不怕吃亏，懂得让步

一个能够吃亏的人，才不会因为吃了亏而闷闷不乐；一个能够吃亏的人，身边才会有人，才能形成团队和干成大事，才会有大的收获。这就是所谓的"财散人聚，人聚财来"的道理。杜月笙常说，做事靠能力，做人靠格局，他就是用自己的舍换来了人气，换来了一帮为他出生入死的兄弟。

吃亏是福，苦干是乐，不明白这个道理，就不是一个受欢迎的人。困难让别人去克服，风险让别人去承担，注定难有好运。困难让别人克服，当艰难过去，你会被淘汰；风险让别人承担，当形势明朗，你就会出局。没有担当和付出，终将是一无所获。

在工作和生活中，我们时刻面临着取与舍的选择。但很多时候，我们总是渴望取得，渴望占有，却常常忽略了放弃和让步。人是不可能什么都得到的，要学会有所放弃。放弃浪费精力的争吵，放弃无意义的解释，放弃对权力的钩心斗角。放弃虽然会造成短暂的痛苦，却能换来长久的幸福。放弃虽是当下的一种无奈，却是将来能带来更大收益的英明决断。

八、为他人着想，为自己而活

1. 为他人着想，自己和他人都会快乐

为他人着想，不是只考虑他人的利益，不考虑自己的利益。为他人着想，是指要站在他人的角度考虑问题。如果不考虑他人的感受，而是站在自己的立场把自己的意愿强加给别人，别人就会痛苦，就会导致自己与这些人的关系恶化，自己就不会快乐。

一项问卷调查显示，有超过60%的老人对当初教育孩子的不当方式而后悔。后悔当初教育孩子时采取了强制和限制方式，逼迫孩子按照自己设计的路线发展，最后大多事与愿违。即便有一小部分人达到了自己的目标，但却使孩子承受了太多痛苦，失去了太多快乐。

现实中，不少家长都会将自己的愿望和想法以对孩子好的名义或多或少地强加在孩子身上，由于孩子并不领情，导致自己和孩子都不快乐。造成这种局面的原因是家长不明白为孩子着想的道理。家长是以对孩子好的名义，自私地要求孩子完成自己没能完成的光荣和理想，弥补自己的遗憾。但家长忘了，子女生来不是替自己还债的，他们有自己的活法，没有帮父母弥补遗憾的义务。

家长要明白，孩子虽然是自己的，但孩子是一个独立的个体，在人格上与父母是平等的。要知道，有两类家长是得不到孩子尊重的：一类是经常埋怨孩子不听话和什么事情都要管的家长；另一类是把自己的理想变成孩子理想的家长。家长如果因为对孩子"好"，而导致自己和孩子不快乐，那这种"好"就是十足的"坏"。

所以，要想快乐，就不要把自己的意志强加给别人，要站在别人的角度思考问题，要适度地为他人着想。

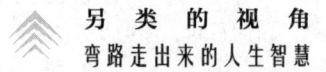

2. 为自己而活，自己和他人都会开心

为自己而活，不是要自己非常自私，而是要努力想办法让自己过好。因为自己过好了，才能让自己和在乎自己的人高兴和快乐。

为自己而活，凡事就不要太迁就，不要太勉强。例如，有的人其实不想与父母住在一起，但为了体现孝顺，就和父母住在了一起。其实这未必是一种明智的做法，为什么？因为自己和父母是两个不同时代的人，各方面都存在较大差异。例如，父母喜欢京剧，你喜欢足球，今天你想吃土豆，父母却想吃烧鸡，而很多时候都只能满足一方的要求，所以就不得不相互迁就。这种相互迁就如果是一天两天、一月两月倒也没什么，长时间的相互迁就会使双方很累、很痛苦。所以，孝顺的最好做法是与父母分开住，然后经常去看他们。

很多时候，我们会陷入这样一个误区，那就是认为要让亲人快乐，就需要为亲人而活。我们不明白，为自己而活，努力让自己过好，其实也是为亲人着想。道理很简单，因为你过好了，关心你的人就会开心；你过得不好，他们就会难过，就会为你担心，他们就不会快乐。《三国演义》中的徐庶之才不在诸葛亮之下，但因自己的孝顺导致了母亲自缢，徐庶悲愤万分，从此庸庸碌碌。徐庶的悲剧在于，母亲要的是徐庶有所作为，而不是为她着想，而徐庶却只知道为母亲着想，忘了为自己而活。徐庶的"为母亲着想"不但害死了母亲，还毁掉了自己的一生。

> 走自己的路，为自己和关心自己的人而活。

为自己而活，才能真正快乐；为自己而活，就不要太在意别人怎么看你，不要太在意别人怎么说你。世间没有完美，也没有百分之百的周全，不管你怎么做，都无法满足所有的人。

为自己而活，就不要太过迁就那些没必要迁就的人。无论你的圈子有多大，真正影响你和对你有用的，通常就那么几个人。但我们却经常犯这样的错误，那就是把太多的时间都花在了取悦那些无关紧要的人上面，而把坏脾气留给了最重要的人，我们对陌生人太客气，对亲人太苛刻。其实没必要这样，因为取悦那些无关紧要的人，不会让自己得到期望的那些收益，只会让自己变得更累。人，要为自己和喜欢自己的人而活，不要在不喜欢自己的人那里痛苦了自己，更不要在喜欢自己的人这里忘记了快乐。勉强不来的事情，就不要去追了，因为自己会很苦，别人也很累。与其在追逐不到的事情上痛苦烦恼，不如在能做得成的事情中享受快乐。

九、构筑一个能排遣苦闷和享受快乐的虚拟世界

人在现实生活中，难免遭遇失意、遗憾和不高兴的事情。这时，如果无法在现实生活中释怀，就需要构建另一个世界，通过这个世界来进行排遣。所以，人都应该有两个世界，一个是现实的或者物质的世界，另一个是精神的或者虚拟的世界。这样，当我们在现实世界失落的时候，就可以去精神世界找寻安慰。

为什么古人喜欢写诗写词，喜欢读词读诗？因为他们可以把自己的怀才不遇、被贬之后远离国都的失意、离别思乡的种种痛苦，通过诗词排遣和释放，而且他们可以通过诗词获取快乐，构建现实社会中不存在的完美。

为什么有那么多人在寻找信仰？因为他们在现实社会中遇到了困惑，需要对困惑进行释怀；因为他们在现实生活中遭遇了不如意，需要从另一个世界把完美找寻回来。所以，从某种角度讲，找寻信仰就是摆脱烦恼、寻找完美和追求快乐。

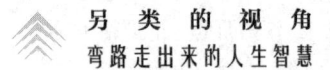

其实，人一辈子过得快不快乐，不完全取决于拥有多少物质财富，很大程度上取决于自己的精神世界是否充实。如果我们无法在现实社会中做到物质富有，那我们就可以通过精神世界让自己成为精神富有的人；如果我们在现实生活中遭遇了令人遗憾的缺失，那我们就可以在虚拟世界里构建让自己满意的完美。

精神世界是主观世界，既然是主观世界，我们就可以在这个世界里胡思乱想。什么让我们高兴，我们就想什么；什么让我们开心，我们就相信什么。一个人，如果能拥有一个丰富的精神世界，那他的生活就会更加精彩，他就会过得更加快乐。

另外，在虚拟的自由世界里，人们还可以不受影响地调整自己的心态，平复自己的心情，找回自己的信心，提升自己的能量。而所有这一切，反过来又有助于自己更好地应对现实，减少现实中遭受的不如意。所以，虚拟的世界并非只是一个现实的避难所，它更是一个改善人的现实状态和现实生活的助推器。

第十三章

死亡恐惧的克服及死亡前的准备

导 语

从古至今，没有不死的人。既然春去秋来、花开花落，冥冥之中早有安排，既然死是无法逃脱的事情，就没有必要去担心它、恐惧它。因为恐惧改变不了死亡的结局，只会降低活着的质量。减轻死亡恐惧最有效的办法有两个：一是构筑一个自己认可的死亡理论，通过对死亡的特别诠释，让自己不再害怕死亡；二是始终相信自己的前面还有很长的美好时光，只要让自己觉得离死亡还很远，自己对死亡的恐惧就会得到相当程度的缓解，人就会变得安心和淡定。

中国人忌谈死亡，但不谈论死亡，并不能避免死亡，相反会影响活着的质量。外国人很聪明，早就说过"生如夏花之绚烂，死如秋叶之静美"。他们把死亡参透了、道破了，反而活得轻松，活得更具质量。

死亡，的确是一个沉重的话题。笔者曾经在网上看到有人写过这样一段话：本人在某个阶段开始意识到死亡这个事情，以至于彻夜沉

另类的视角
弯路走出来的人生智慧

> 人生就是短短的几十年，
> 如流星一闪而过，
> 期间会遇到一生应该遇到的人，
> 经历一生必须经历的事，
> 仅此而已。

思死后究竟会如何，精神还会不会存在，如果不存在了，那是不是从死亡的那一刻起，就会陷入无尽的黑暗而永远无法重归光明？这些问题对于还年轻的我们来说的确无法承受。可见，死亡是最让人恐惧的事情。

对死亡恐惧是没有意义的，因为死亡是人的归宿，每个人都要面对将来死亡的事实。

一、死亡恐惧

死亡确实让人恐惧，为了不死，秦始皇派徐福入海求不死之药，给徐福大量金钱，徐福率数千童男童女入海，一去杳无音信。虽然秦始皇雄才伟略，一统天下，并想尽办法长生不老，但还是没能逃过死亡这一关，49岁病死于巡视途中。

唐太宗李世民一生戎马，身体强健，在盛年即位之后，励精图治，从善如流，把国家治理得井井有条。这时候的他，对求仙问道并不热衷，甚至比较反感，还嘲笑秦始皇和汉武帝晚年追求长生不老的行为。但到了统治后期，随着年岁的增长和身体的衰弱，李世民也渐渐迷上了炼丹延命之术，特别是贞观十九年，他亲征时不幸受了箭伤，导致健康状况急转直下，从此便一发不可收拾地大吃特吃丹药，希望借此延长寿命。愿望是美好的，现实是残酷的，公元649年5月，李世民在满

第十三章 死亡恐惧的克服及死亡前的准备

怀希望地吃完最后一粒长生药后,终因慢性中毒不治身亡,年仅50岁。

笔者刚参加工作时,有一次和几个同事谈到了死亡的话题,谈到深入之处时,大家都非常沮丧,同事们都说我们这些人要是能永远不死就好了。事实上,对死亡的恐惧是所有恐惧中最为根本的一种,它比任何力量都更能使人停止努力。当一个人处在必定死亡的阴影下时,就会认为所有的行动都徒劳无益,所有的努力都没有意义。

死亡恐惧是一种普遍存在,且随着年龄的增长与日俱增,很难消除。虽然死亡恐惧难以彻底消除,但可以通过一些方法减轻这种恐惧,使自己能够接受将来死亡这种现实,避免因死亡恐惧而影响活着的质量。

二、死亡恐惧的克服

死亡是生命的结束,是个体感觉的消失。死亡是人生悲剧,人们会因亲人的离世而悲痛欲绝。当然,一部分人没有机会恐惧死亡。例如,一些人因陷入绝望而自杀,一些人意外死亡,一些老年人患上老年痴呆等。但绝大多数人是要清醒地等待死亡的来临,经受死亡恐惧的折磨。所以,怎么克服和减轻死亡恐惧,使一个人的生活不受死亡恐惧的影响,至少不受太大的影响,是非常重要的。以下是减轻死亡恐惧的几种方法。

1. 要明白死亡是一切生命的归宿,恐惧无济于事

包括人在内的所有动植物都是有寿命的,只是寿命有长有短,长的几百上千年,短的稍纵即逝。我们要明白,从古至今,没有不死的人。既然春去秋来、花开花落,冥冥之中早有安排,既然死是无法逃脱的

另类的视角
弯路走出来的人生智慧

人们恐惧死亡，是因为没了解死亡，因为没了解死亡，才会生出许多可怕的想象。死，也许真的只是换一种存在方式而已，就像举足是在走路，落足也同样是在前行。

事情，就没必要去担心它、恐惧它。因为恐惧改变不了死亡的结局，只会降低活着的质量。

如果某个时候，你突然想到了死的事情，你就想想古代帝王、现代总统和众多杰出人物，他们不也是没有例外地死了，这些人都死了，你一个小老百姓又有什么理由怕死呢？要知道，这世上没有谁会永远活着，没有谁会长生不老，也没有什么东西可以一直存在。

2. 让自己忙于生活，没空想死亡的事情

笔者一个朋友的母亲是一个很怕死的人，天天都在想死的事情，天天都觉得自己病了，要赶紧治疗，搞得医生都不知道怎么给她看病。因为怕死，她从不参加别人的葬礼；因为怕死，她没病说有病，有小病说是大病，搞得全家鸡犬不宁。根本原因就是她哪里都不去玩，什么事都不去做。因为时间太多了，就老想到自己越来越老，成天担心自己会很快死掉。

一个人如果忙于自己的事业、工作和生活，就没有时间神经兮兮地去想死亡这种诡异的话题，没时间想死亡的事情了，也就不存在对死亡的恐惧了。

3. 构筑一个自己认可的理论来接受死亡

构筑一个自己认可的理论来接受死亡，是克服死亡恐惧的最有效

办法。这世界有太多搞不清楚的事情，例如，宇宙到底有没有边际？如果说有边际，那边际的外面是什么？如果说没有边际，那没有边际的东西又如何理解？整个世界到底又是什么？既然包括死亡在内的很多事情都说不清、道不明，那我们就可以根据自己的认知构筑一个自己认可的死亡理论。

死亡是不可逆的，死后的未知还没有被完美解释。没有人知道死后究竟是怎么回事，所以你可以胡思乱想。你可以构筑一个自己认可的理论来接受死亡，这个理论可以不符合常理，反正你自己相信就好，又不用告诉别人。这个东西存在的唯一意义，就是让你能够接受死亡这一现实，缓解自己对死亡的恐惧，不让死亡恐惧影响自己的工作、学习和生活。

三、死亡前的准备

死亡前应该怎么做？年轻人、中年人和老年人是有很大差别的。有个顺口溜是这样说的：20岁以后，故乡和外地一个样；30岁以后，白天和晚上一个样；40岁以后，有学历和没学历一个样；50岁以后，漂亮和丑陋一个样；60岁以后，官大和官小一个样；70岁以后，房多和房少一个样；80岁以后，钱多和钱少一个样；90岁以后，男人和女人一个样；100岁以后，起床和不起床一个样。只要悟出了这个顺口溜的内在道理，就会明白年轻人、中年人和老年人死亡前应该如何作为。

1. 年轻人要拼搏、拼搏和享受

年轻人离死亡很远，虽然享受是人类的本能，但没有物质基础，享受就无从谈起。所以，年轻人需要通过努力拼搏来获取自己生存的物质基础。年轻人如果在最该奋斗的年龄选择了安逸，那这种安逸就会很快变成穷困潦倒。一个人如果年轻的时候都不折腾，到年纪大的时候自己拿什么去回忆？

哈佛大学的一项问卷调查显示，有超过90%的老人都后悔年轻的时候不够努力，导致自己一事无成。所以，在最美好的青春年华里，年轻人应该为自己的梦想、为自己的父母、为自己的爱人和子女、为给自己中老年创造更好的享受条件而双倍拼搏。因此，年轻人死亡前的准备应该是拼搏、拼搏和享受。以下是给年轻人的几点建议：

（1）如果你真爱你爸你妈，真爱你的亲人，就好好去奋斗、去拼搏。因为只有这样，你才有能力和经济条件去好好爱他们。要明白，孝顺是需要实力的，如果给父母买件衣服都要犹豫和精打细算，孝顺又从何谈起。一个人，只有具备了一定的经济基础，日子才能过得幸福；一个人，只有具备了一定的经济能力，才有能力帮助和照顾身边的亲人。

（2）年轻人，该花钱时就花钱，包括旅游、娱乐。因为人只有充分放松自己，让自己得到满足和开心，自己的心智才会更加自由，自己的作为才会更为出色。压抑会导致激情下降，能力消退，智力弱化，会使自己进入没有能力消费的恶性循环。

人生最失败的，不是尝试后的失败，而是因不敢尝试导致连体验的机会都没有；人生最遗憾的，不是自己无能为力，而是自己本来可以。

（3）二十多岁敢想敢做，才能迎来三十多岁的丰衣足食和四十多岁的优雅从容。年轻时的每一步，都是将来的奠基石。所谓年轻就是资本，不应该只是娇艳的脸庞和青春的躯体，还应包含吃苦的能力和跌倒重来的勇气。都说年轻是资本，但只有奋斗，年轻的资本才有价值；只有拼搏，年轻的岁月才值得炫耀。

（4）要摆脱底层的艰苦生活，就必须努力和拼搏。一个人活在世上的时间不长，应尽快为自己打下自由的基础，享受人生，收获幸福。活着应该是一种享受，而不是痛苦。长时间的艰难是一种悲剧，太苦的活着不叫活着，是还没有死去。

（5）在疼爱你的人面前，你永远都只是个孩子；在不疼爱你的人面前，你永远都是条汉子。当一个男人真的爱上了一个女人，女人就会发现，自己多了一个父亲；当一个女人真的爱上了一个男人，女人就会发现，自己多了一个儿子，而且还是个十足的逆子；当男女双方都爱上了对方，这时双方才会发现，自己多了一个伴侣。

（6）生活的考验远比想象中的残酷，恋爱、结婚、生子、教育、医疗、养老等，每一样都需要有强大的支撑实力。努力尚且艰辛，不努力又如何能不辛苦？机会的大门又凭什么向你敞开？所以，年轻时一定要努力，一定要拼搏；不要让年轻时的不努力导致自己一辈子碌碌无为，最后不得不自欺欺人地用平凡可贵来自我安慰。

2. 中年人应该拼搏、享受和享受

对中年人来说，有经济基础和经济条件的，可以一边工作，一边享受。没经济基础和经济条件的，想享受也不容易，所以在争取享受的同时，也要努力工作，甚至不得不再搏一把。

中年人没办法做到不工作只享受，虽然离死亡还有一段距离，但也不太遥远，因此要尽量享受，没必要双倍拼搏了。所以，中年人死亡前的准备应该是拼搏、享受和享受。以下是对中年人的一些建议：

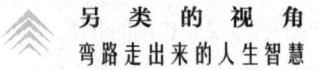

另类的视角
弯路走出来的人生智慧

（1）一般来说，四五十岁的男人，如果一事无成，就难成了。十多年的教育，二三十年的社会打拼，这些都没能整出点动静来，就不要为难自己了。当然，没出息也有没出息的活法，好吃的吃点好的，好酒的喝两口小酒，好玩的抽空游山玩水，喜欢钓鱼的钓一钓鱼，放低目标，摆平心态，日子也照样能过得舒适。

（2）四五十岁的男人，即便没什么作为，也不要因为没作为而沮丧。要放宽心胸，看淡一些，成就大小无关紧要。要明白，芸芸众生、人来人往，不是谁都能傲视天下。四五十岁一事无成，虽然为时已晚，但大器晚成的例子从古至今也比比皆是，只要还对自己有信心，就值得再去放手一搏。

（3）四五十岁的男人，应多尽些孝道。事业再大，工作再忙，也要抽时间陪老人吃吃饭，聊聊天。一来是传承中华民族优秀传统，二来是给后辈做出榜样。要记住，你怎么对待你的父母，你的后代就会怎么对待你。

（4）虽说人生是一场马拉松，但大家的终点却各不相同，有些人的终点是90岁，而有些人的终点可能就只是60岁。生命来来往往，没有来日方长。所以，到了中年以后，就不要再把最好的留到最后，因为你不知道还有没有机会等到那个时候。

> 人的一生，一般会有两次心态的转变和一个回忆多过展望的转折点。第一次心态的转变，是发现自己不再是世界的中心；第二次心态的转变，是发现自己再怎么努力也无能为力，从而接受自己的平凡并去享受平凡。回忆多过展望的转折点，是指每个人迟早都会走到想以前的事情会比以后的事情更多的这一天。

（5）四五十岁的人了，如果还能遇到自己曾经暗恋的人，不妨把当年的事情告诉他（她），一来这个年龄段一般不会导致家庭破裂，二来也可了却自己未了的心愿，收获一份迟来的友情和关爱。

（6）四五十岁的人，相当于一辆已经行驶了十几万千米的汽车，务必要做到每六个月检查一次身体，尽早发现各种疾病，注意保养好自己的身体，确保安全走完剩余里程。

> **中年人的死亡恐惧？**
>
> 人到中年，生命有尽头的感觉就变得强烈。身体稍有不适，就会往最坏处想，担心自己成为那些提前走的倒霉蛋。听闻有人故去，就会习惯性地用这个人的寿命去减自己的年龄。而减出来的那个数字，往往会让自己惊出一身冷汗，使自己失落和沮丧。由于害怕，就开始注重健身和养生。从此，手不离杯，杯中装满了自认为有保健作用的饮品，再不喝白开水，以此让自己安心和淡定。

（7）四五十岁的人了，有时间的话，多参加一些葬礼，一来是送送亲人、朋友和同事，二来感受一下死亡的氛围，消除死亡恐惧，为自己将来的死亡做好准备。

3. 老年人应该享受、享受再享受

老年人离死亡很近，这个时候就不要再做自己不喜欢的事情了，要赶紧了却心愿，尽情享受。有条件的，可以多涉足一些文化艺术。一来文化艺术不是体力活，老年人干得动，把精力投到这里面，就没时间想死的事情了，二来文化艺术有助于修身养性，有助于减轻死亡恐惧。以下是对老年人的一些忠告：

（1）人老了，面对别人的尊重，要心里有数，不要因为别人尊重自己就忘乎所以。要明白，如果不考虑感情因素，人们只尊重三样东西，那就是权力、金钱和能力。也就是说，人们只尊重有价值的东西。人们对老人的尊重，更多的只是一种形式，是对弱者的一种让步和怜悯，并非来自内心的认可。

（2）人老了，要自找乐子，助人为乐，知足常乐，自得其乐。要原谅伤过你的人，还清你欠的情，忘却让你伤心的事。感兴趣的事快做，没有圆的梦抓紧去圆，时不我待。

（3）人老了，退休了，没了学业的压力，没了谋生的辛劳，没了功名利禄的诱惑，每一天都是假日。所以，想吃就吃，只要喜欢；想玩就玩，只要还玩得动；想花就花，只要口袋里还有钱。要明白，钱，生不带来，死不带去。

（4）如果以前是个领导，退休后，如果没几个人尊重你了，不要因此而难受。如果退休后人们就不尊重你了，那么说明你确实没什么值得尊重。以前你获得的尊重、权威和荣誉都是权力的产物。要知道，真正的尊重、权威和荣誉是消失不了的，真正的尊重、权威和荣誉是你人已不在江湖，江湖却还有你的传说。

（5）人到老年了，如果钱还比较多，不妨捐一些出去，多做一些善事。要明白，儿孙自有儿孙福，人赤条条来，就该赤条条去，从无到有是一种过程，从有到无是一种境界。

（6）人老了，就要视死如归。天下万物的来和去都有它的时间顺序，从无中来，回无中去，是任何人都无法改变的结局。珍惜生命，享受晚年，方对得起这一趟人间旅行。

（7）看一些文学作品，搞一些文化艺术，读一点古典诗词，是老年人的一种很好的享受方式。文学作品、文化艺术和古典诗词能够虚拟一种理想环境，构建超越生活的美丽。这种对世界的虚化和幻想，能让人超凡脱俗，从而有效减轻甚至消除对死亡的恐惧，是一种很好的死亡前准备。

（8）如果死亡的前景还是让你沮丧，你不妨这样去想，老天并没让你一个人死去，却让其他人活着。所以，即便是死亡，你也并不孤单。况且，死亡只是换一种存在方式和生存环境而已。

第十三章 死亡恐惧的克服及死亡前的准备

（9）人离死亡越近，就会越害怕、越恐惧。所以，只有让自己觉得离死亡还比较远，自己对死亡的恐惧和沮丧才会自然缓解。由于谁都无法知道自己哪一天死去，所以，70岁的时候，就可以认为自己能活到80岁；90岁的时候，就可以认为自己能活到95岁；105岁的时候，还可以认为自己能活到108岁。即便是得了不治之症，也可以认为自己的存活期可能最长，或者是奇迹会发生在自己身上。只要让自己觉得从现在到死亡还有很长的美好时光，自己就会变得淡定，日子就会过得舒心。

（10）没人说得清死亡，因为谁也没体验过。也许死亡真的只是换个环境而已，就像日落虽然是白天的结束，却是夜晚的开始。所以，死亡前最好的准备，就是安详地等待与故人相见，静静地迎接自己即将跨入的另一个世界……

后 记

　　人生是一场无法预见的旅行，途中有很多人与你擦肩而过，也有一些人与你结伴而行，但一直陪伴你的，只是你自己。人生路上遇到的绝大多数人，都只是你前进过程中的一个个加油站，或者是一个个你停留时间不长的歇脚处。红尘中有了这些人，旅途中的你才不孤单。所以，要感恩生命中遇到的每一个人，哪怕这个人只陪了你一小时、一分钟。

　　在人生旅途中，你会看到很多风景，但最好的风景，就是自己怎么都忘不了的人和事，就是那些不断浮现在自己脑海里的过往。人的一生，会感受到朋友的爱、亲人的爱和男女之间的爱。但不得不承认，男女之间热恋时的爱，是所有爱中最美和最刻骨铭心的。不得不承认，没有走到一起但不以严重伤害分开的爱，是最让人留恋和回忆的，它丰富了我们的人生，让生命更具色彩。

　　旅途中遇到的每一个人，都是一种缘分。如果能有幸与其中的一些人成为朋友、恋人和亲人，那更是缘分中的缘分。所以，要珍惜爱你和关心你的人，要珍惜你关心和你爱的人，因为是这些人给了你世间最珍贵的美好，让你感受了世间最难得的幸福。

每个人的人生，迟早都会有一个转折点，在这个转折点以前，脑子里想得更多的是以后；在这个转折点以后，脑子里想得更多的是以前。但不管什么时候、什么情况，人都要有一颗乐观的心。有了乐观的心，所有的伤害、丑陋和不快就会被滤除，剩下的就只是善良、美好和开心，人就会过得快乐。

茫茫人海，相逢是缘，感谢您在那么多的书中选择了我写的这一本。希望看了这本书的每一位朋友都从中受益，更明事理，更具智慧。如果真是这样，那将是笔者最大的快乐。

吴显明

二〇一八年四月十日深夜于湖南凤凰